技能型人才计算机基础培养教材
高等职业教育“十二五”规划教材

# 计算机应用基础实训指导

## —— Win7+Office2010

主　编　李开雁　何　冰　燕　飞
副主编　廖广宁　陈建莉　陆元元　高　凯
主　审　马　强

西南交通大学出版社
·成　都·

**图书在版编目（CIP）数据**

计算机应用基础实训指导：Win7+Office2010 / 李开雁，何冰，燕飞主编. —成都：西南交通大学出版社，2014.8

技能型人才计算机基础培养教材　高等职业教育“十二五”规划教材

ISBN 978-7-5643-3258-7

Ⅰ. ①计… Ⅱ. ①李… ②何… ③燕… Ⅲ. ①Windows 操作系统－高等职业教育－教材②办公自动化－应用软件－高等职业教育－教材 Ⅳ. ①TP316.7②TP317.1

中国版本图书馆 CIP 数据核字（2014）第 178275 号

技能型人才计算机基础培养教材
高等职业教育“十二五”规划教材

**计算机应用基础实训指导**

——Win7+Office2010

主编　李开雁　何　冰　燕　飞

*

责任编辑　李晓辉
助理编辑　罗在伟
封面设计　墨创文化

西南交通大学出版社出版发行

四川省成都市金牛区交大路 146 号　邮政编码：610031

发行部电话：028-87600564

http://www.xnjdcbs.com

成都蓉军广告印务有限责任公司印刷

*

成品尺寸：185 mm×260 mm　　印张：7.75

字数：192 千字

2014 年 8 月第 1 版　　2014 年 8 月第 1 次印刷

**ISBN 978-7-5643-3258-7**

定价：18.00 元

# 前　言

随着计算机的迅速普及和计算机技术日新月异的发展，计算机应用和计算机文化已经渗透到人类生活的各个方面，正在改变着人们的工作，学习和生活方式，提高计算机应用能力已经成为培养高素质技能人才的重要组成部分。为了适应社会改革发展的需要，为了满足高职院校计算机应用教学的要求，我们组织了一批具有丰富教学经验的教师编写本实训指导教材。

在编写过程中，按照培养计算机技能型人才的主导思想进行本书的编排，注重必要的理论知识与实际操作能力相结合，并融入了计算机一级等级考试的考纲，力求语言精练、图文并茂、内容实用、操作步骤详细，使学生在操作中更好地掌握计算机应用基础的各个知识点，提高实际应用的操作能力。全书共 2 大部分，第一部分为实训练习，第二部分为试题练习。实训练习部分针共 6 个实训，具有针对性、实用性较强的特点，与理论教材《计算机应用基础 ——Win7+Office2010》配套使用。试题练习部分包括 4 套练习试题与计算机一级等级考试大纲，通过试题练习既能加深学生对理论教材知识点的掌握，又能为等级考试打下良好基础。

本实训指导教材由四川电力职业技术学院李开雁、何冰、燕飞老师担任主编，廖广宁、陈建莉老师、成都市技师学院陆元元老师和四川工商职业技术学院高凯老师担任副主编，四川电力职业技术学院马强老师担任主审。其中：实训一由燕飞编写，实训二由何冰编写，实训三由廖广宁编写，实训四由陈建莉编写，实训五由李开雁编写，实训六由陆元元编写，试题练习由高凯编写，全书由李开雁负责统稿。本书在编写过程中，四川电力职业技术学院张正洪老师和四川工商职业技术学院文颖老师对本书部分内容提出了宝贵意见，在此表示感谢！

由于编者的水平有限，书中难免有不妥之处，敬请读者批评指正。

编　者

2014 年 4 月

# 目　录

# 第一部分　实训练习

## 实训一　计算机基础知识

计算机及其应用已经渗透到人们生活的各个领域，计算机的发明和应用延伸了人类的大脑，提高和扩展了人类脑力劳动的效能，发挥和激发了人类的创造力，标志着人类文明进入了一个崭新的阶段。在 21 世纪，掌握以计算机为核心的基础知识及应用，是现代大学生必备的基本技能。

### 实训目的

※ 掌握计算机的启动、关闭方法。
※ 掌握鼠标的使用方法。
※ 了解键盘的构造，认识键盘的分区及打字指法键位分布，掌握键盘的使用方法。
※ 了解半角和全角度区别，掌握半角和全角方式的切换。
※ 了解中英文标点的区别，掌握中英文标点输入的方法。
※ 熟练掌握启动和切换中文输入法的方法。
※ 掌握一种打字输入方法，并能熟练进行中英文输入。

### 实训内容

## 任务一　计算机的基本操作

### 一、计算机的启动

同日常使用的各种电器一样，一台计算机只有接通电源后才能正常工作。但由于计算机要比平常使用的其他家用电器复杂得多，因此，从计算机接通电源到其做好各种准备工作要经过各种测试及一系列的初始化，这个过程就称为启动。根据性质不同，启动方式分为冷启动和热启动。

**1. 冷启动**

冷启动是在计算机完全关闭（关闭电源）的情况下，通过开启电源开关直接启动计算机系统。冷启动会对硬件进行复位，启动过程中会检查硬件，并重新装载操作系统。开机后，屏幕上会出现启动界面，直到进入 Windows 桌面。

提示：

早期计算机冷启动时必须注意开机顺序，即先开外部设备，后开主机。例如，在需要使用打印机的情况下，依次打开打印机开关、显示器开关、主机开关，否则主机识别不了后开的外设。

如今的计算机都支持即插即用（Plug-and-Play）和热插拔（Hot plugging），允许用户在电源打开的状态下，直接新增或移除硬件设备，因此开机时计算机和外设的开机顺序关系不大。

2. **热启动**

热启动是计算机尚未关闭（仍然通电）的情况下，由于出现“软件错误”等特殊原因需要重新启动计算机系统而进行的操作。热启动也是一次软件复位。热启动清除易失性系统内存，并重新装载操作系统。具体方法有如下几种：

（1）在 Windows 中，可以在“开始”菜单中选择“关机”→“重新启动”来完成计算机的热启动。

（2）如果以上操作无法完成时，可以按下键盘上的【Ctrl+Del+Alt】组合键，根据屏幕提示，选择“重新启动”即可完成计算机的热启动。

（3）当用上述两种方法热启动计算机都不成功时，可以利用计算机主机上的复位键（RESET 键）来完成计算机的热启动。

提示：

复位键通常位于电源键（Power 键）旁边且比电源键小。同时为了避免误操作，复位键通常设计为凹陷下去的。

极少数品牌的台式机主机及大多数笔记本电脑都无复位键，此时无法通过复位键进行热启动。

注意：计算机启动和关闭时，瞬间电流变化和磁场变化都比较大，为了保护计算机，应避免频繁的开关机。

## 二、计算机的关闭

计算机的关闭，又称为关机。在 Windows 7 操作系统中选择【开始】菜单中的【关机】命令，如图 1.1 所示，计算机就会自动退出 Windows，并关闭计算机电源，最后需要关闭显示器电源。

当计算机处于无法响应或死机状态，需要非正常关机时，可以长按电源键直至主机电源关闭，再关闭显示器开关。

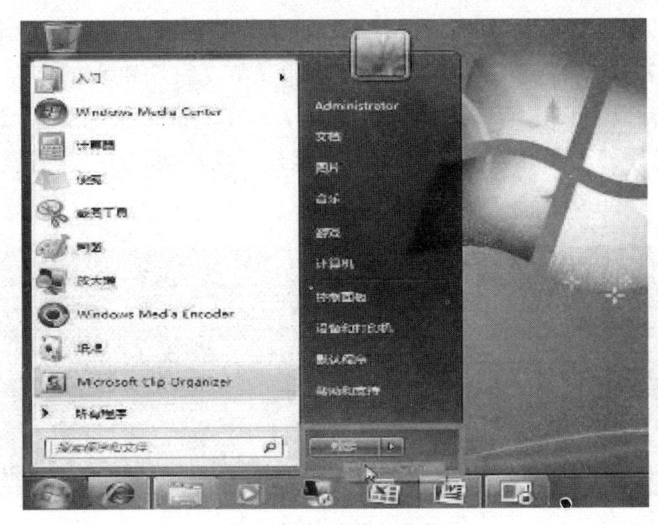


图 1.1　关闭计算机

## 三、使用鼠标

鼠标是计算机操作的常用设备之一，通用鼠标一般都由左键、右键和中间滚轮组成，如图 1.2 所示。

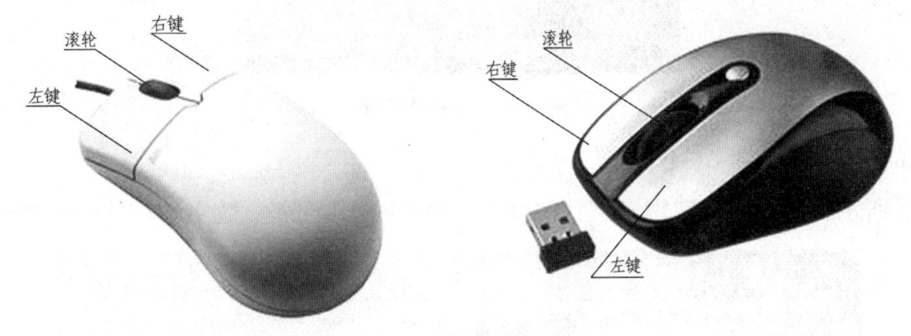


图 1.2　鼠标的基本按键

鼠标的操作主要有以下几种：

（1）单击左键（简称单击）：一次快速按下鼠标左键。

（2）单击右键（简称右击）：按一次鼠标右键（通常出现一个快捷菜单）。

（3）双击：连续两次快速按下鼠标左键。

（4）移动：不按鼠标键，只移动鼠标的位置。

（5）拖曳：用鼠标左键点住目标不放，然后移动鼠标到目标区。

（6）滚动：通过鼠标的滚轮向前或向后，来实现相关功能。

## 四、使用键盘

键盘是最常见的计算机输入设备，它广泛应用于微型计算机和各种终端设备上。

如图 1.3 所示，以 104 键盘为例，键盘分为四大区域。中间部分是“打字键盘区”，各键表面标有字母、数字、字符等，其排列顺序和功能同英文打字机类似；右边是“光标/数字键区”，包括 10 个标有数字和光标移动符号的键及 7 个其他键；这两个区域中间为“编辑控制键区”，一般用于光标移动和编辑控制；上面一排是“功能键区”，其各键在不同系统和软件中功能各异。

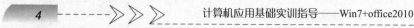

图 1.3　键盘的键位分布

键盘右上角是三个指示灯，如图 1.4 所示，其中“Num Lock”是“数字锁定”指示灯，“Caps Lock”是“大写字母锁定”指示灯，“Scroll Lock”是“滚屏锁定”指示灯。

图 1.4　键盘指示灯

### 1. 打字键盘区（共 61 个键）

图 1.5 所示为键盘的打字键盘区，它包括三类按键：字母键、数字与符号键和特殊控制键。

图 1.5　打字键盘区

（1）字母键（共 26 个键）

在字母键的键面上刻有英文大写字母，这也是以后最常用的按键。在通常情况下输入的是与字母键大写字母对应的小写字母。如果按一下【Caps Lock】键，右上方所对应的“大写字母锁定”指示灯会亮起来，在这种状态下，输入的是大写字母。如果在“大写字母锁定”指示灯不亮的情况下，按住【Shift】键后输入字母，同样也会输入大写字母。

（2）数字与符号键（共 21 个键）

这 21 个键面上都有上下两种符号，也称双字符键。上面的符号称为上档符号，下面的符号称为下档符号，包括数字、运算符号、标点符号和其他符号。直接输入的是下档符号，按住【Shift】键后，再按下这个双字符键，输入的就是上档符号。例如，按下双字符键【2】，输入的就是数字 2，而在按住【Shift】键后，再按下这个键，输入的就是“@”符号。

（3）特殊控制键（共 14 个键）

这 14 个键中,【Shift】、【Ctrl】、【Alt】和 Windows 系统【开始】菜单键各有两个，对称分布在左右两边，功能完全一样，只是为了操作方便。另外还有【Tab】键、【Caps Lock】键、【Enter】键、【Back Space】键、Windows 系统右键菜单栏、【Space】键各一个。下面详细介绍这些键的功能。

【Caps Lock】键（大写字母锁定键）——键盘的初始状态为英文的小写字母状态，按一下该键，其对应的状态指示灯亮，表示已转换为大写状态并锁定，此时在键盘上按下任何字母均为大写字母。再按一次该键，又变为小写状态。

【Back Space】键（退格键）——按此键光标向左退回一个字符位，同时删掉该位置上原有的字符。

【Tab】键（制表键）——按此键光标向右移动 8 个字符。

【Shift】键（上档键）——也叫换挡键，此键面上通常有向上的空心箭头，用于输入双字符键的上档符号。输入方法为按住【Shift】键的同时按下需要输入的双字符键，屏幕上则显示该键的上档符号。【Shift】键对英文字母键也起作用，在字母小写状态下，按下此键并同时按下需要输入的英文字母键，屏幕上输入的是该英文字母的大写；反之在大写字母锁定状态下，按此键同时按字母键则显示字母的小写。图 1.6 分别所示为键盘的【Shift】键、【Tab】键、【Caps Lock】键和【Back Space】键。

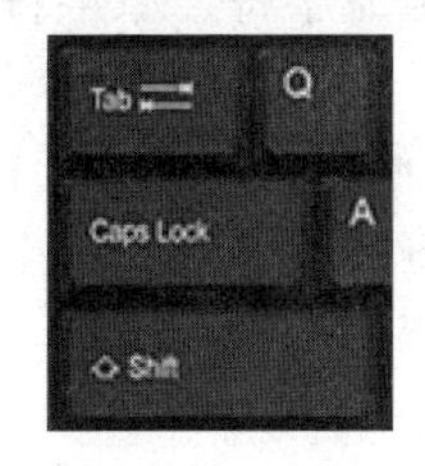

图 1.6 【Shift】键、【Tab】键、【Caps Lock】键和【Back Space】键

【Ctrl】键（控制键）——与其他键组合使用，能够完成一些特定的控制功能。

【Alt】键（转换键）——与【Ctrl】键一样不单独使用，在与其他键组合使用时产生一种转换状态，在不同的工作环境下，转换键转换的状态也不完全相同。

【Space】键（空格键）——键盘下面最长的键，按一下该键，光标向右移动一个空格。键盘中最长的空白键就是空格键，如图 1.7 所示。

图 1.7 键盘的空格键

【Enter】键（回车键）——从键盘上输入一条命令后，按【Enter】键，便开始执行这条命令。在编辑状态中，输入一行信息后，按此键光标将移至下一行行首。

Windows 系统功能右键菜单键——按此键，相当于单击鼠标右键。

Windows 系统功能【开始】菜单键——按此键可以弹出【开始】菜单。

### 2. 编辑控制键区（共 10 个键）

图 1.8 所示为编辑控制键区，它包括 10 个功能不同的按键。

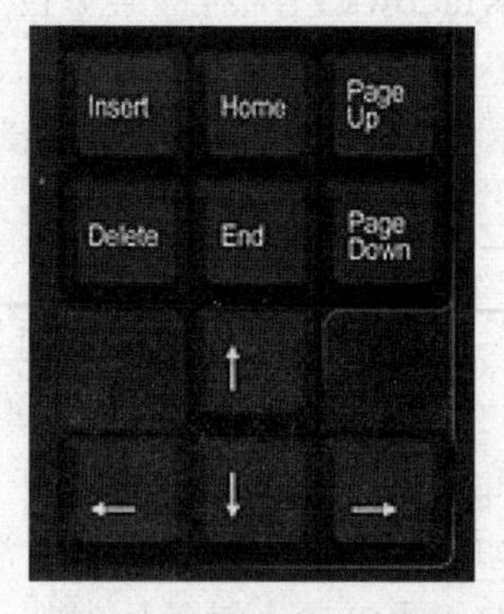


图 1.8 编辑控制键区

【Insert】键（插入/改写键）——此键为“插入”状态和“改写”状态的转换键。如果此时处于“插入”状态，按下此键便转换为“改写”状态，即每键入一个字符光标就将当前位置的字符覆盖掉。相反，如果此时正处于“改写”状态，按下此键便转换为“插入”状态，在光标位置插入所输入的字符不会覆盖掉原字符，原字符和右边所有字符连同光标一起右移。

【Delete】键（删除键）——每按一次此键，便删除光标位置右边的一个字符。如果某些需要删除的文件在选中状态下按此键，则将该文件删除至回收站。

【Home】键（起始键）——按此键，将光标移至行首。

【End】键（终点键）——按此键，将光标移至行尾。

【Page Up】键（向前翻页键）——按此键，使屏幕显示内容上翻一页。

【Page Down】键（向后翻页键）——按此键，使屏幕显示内容下翻一页。

【↑】(光标上移键）——按此键，光标移至上一行。

【↓】(光标下移键）——按此键，光标移至下一行。

【←】(光标左移键）——按此键，光标向左移动一个字符位。

【→】(光标右移键）——按此键，光标向右移动一个字符位。

### 3. 光标/数字键区(共 17 个键)

如图 1.9 所示，光标/数字键区是键盘上面最右边的一栏小键盘，它主要是为了控制光标和输入数据的方便而设置的，其中大部分是双字符键，上档键是数字，它们还具有编辑和控制光标的功能。按了【Num Lock】键后，键盘上对应的 Num Lock 指示灯亮，此时双字符键作为数字键（上档键）使用，再次按【Num Lock】键，键盘上对应的 Num Lock 指示灯灭了后，此时双字符键作为控制键（下档键）使用。

图 1.9 键盘的光标/数字键区

**4. 功能键区（共 16 个键）**

如图 1.10 所示，功能键区包括键盘上方【F1】~【F12】和另外 3 个功能键。按这些键，屏幕上不显示相应的字符，只是完成一定的功能。其中【F1】~【F12】键在不同的工作环境下，功能有所不同。

图 1.10 键盘的功能键区

键盘上有时还有一些其他的功能按键，根据键盘品牌的不同而分布各异，如图 1.11 所示，就是一款带有特殊功能键的键盘。

图 1.11 带有特殊功能键的键盘

## 五、打字指法分布

图 1.12 所示为打字指法的练习图，按照以下指法进行输入将大大提高输入效率。

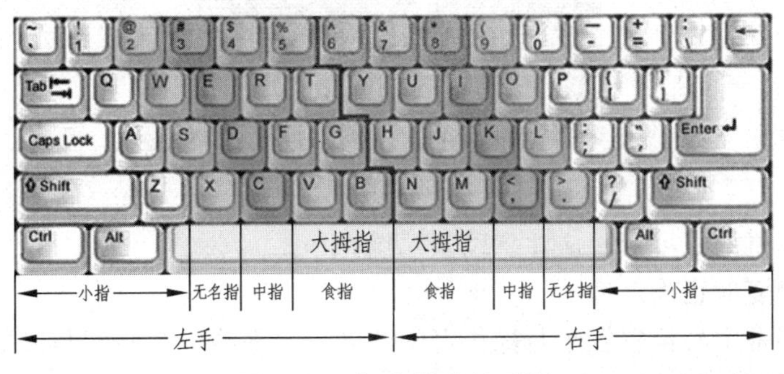


图 1.12 打字指法练习图

键盘上的各键分别由 10 个手指分管。按键时键盘左半部分由左手负责，右半部分由右手负责，每一只手指都有其固定对应的按键，每个手指只负责敲击它分管的那部分字符键。

左手小指分管:【1】、【Q】、【A】、【Z】、左【Shift】键。此外，还分管左边的一些控制键。

左手无名指分管 4 个键:【2】、【W】、【S】、【X】。

左手中指分管 4 个键:【3】、【E】、【D】、【C】。

左手食指分管 8 个键:【4】、【R】、【F】、【V】、【5】、【T】、【G】、【B】。

右手食指分管 8 个键:【6】、【Y】、【H】、【N】、【7】、【U】、【J】、【M】。

右手中指分管 4 个键:【8】、【I】、【K】、【,】。

右手无名指分管 4 个键:【9】、【O】、【L】、【.】。

右手小指分管:【0】、【P】、【;】、【/】和右【Shift】键。此外，还分管右边的一些控制键。

左、右拇指:【空格键】。

在键盘上的【F】键和【J】键上各有一条凸起的小横杠，用手指敲击键盘时能触及到，这两条凸起的小横杠是用来定位的，因此【F】键和【J】键也称为“定位键”。左手食指放在【F】键上，右手食指放在【J】键上，再根据上述的指法规则，则眼睛不用看着键盘也能完成输入，从而由触觉取代眼睛的视觉来实现盲打。

## 六、打字的正确姿势

打字的姿势非常重要，如果姿势不对，打一会儿字就会觉得腰酸背痛，手指乏力。所以应该从开始就养成良好的打字姿势。

在打字时，应具备专用的打字桌，高度为 60 ~ 65 cm，桌子长度应大于 1 m，以便有足够的空间放稿件。最好用能调节高度的转椅，打字者平坐在椅子上，两腿平放在桌下，光线要从左边来。打字者两肘悬空，手腕平放，手指自然下垂，轻放在键盘上，前臂与后臂间略小于 90°。正确的打字姿势如图 1.13 所示。

图 1.13　正确的打字姿势

养成操作计算机的好习惯，应注意以下几点：

（1）操作时坐姿应正确舒适

应将计算机屏幕中心位置置于与操作者胸部同一水平线上，眼睛与屏幕的距离应保持在 40 ~ 50 cm，最好使用可以调节高低的椅子。

（2）要注意工作环境

光线不要过亮或过暗，避免光线直接照射在荧光屏上而产生视觉干扰。室内要保持通风干爽，以使有害气体尽快排出。

（3）要注意劳逸结合

操作一段时间后最好进行适当的活动和休息，避免长时间持续操作计算机。为保护视力，还应经常有意识的眨眼和闭目休息。

# 任务二 输入法的操作

## 一、中文输入法的加载和卸载

（1）在 Windows 7 操作系统下，可以右击桌面右下角的输入法图标，在弹出的快捷菜单中选择“设置”命令，如图 1.14 所示，即可打开“文本服务和输入语言”对话框。

（2）在弹出的“文本服务和输入语言”对话框中，选择“常规”选项，如图 1.15 所示。

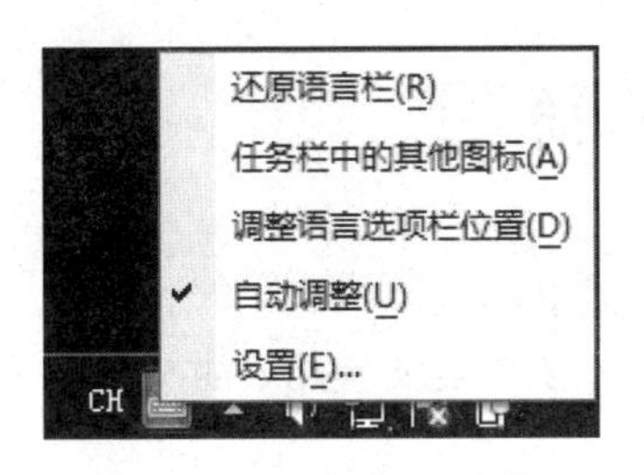


图 1.14 输入法快捷菜单

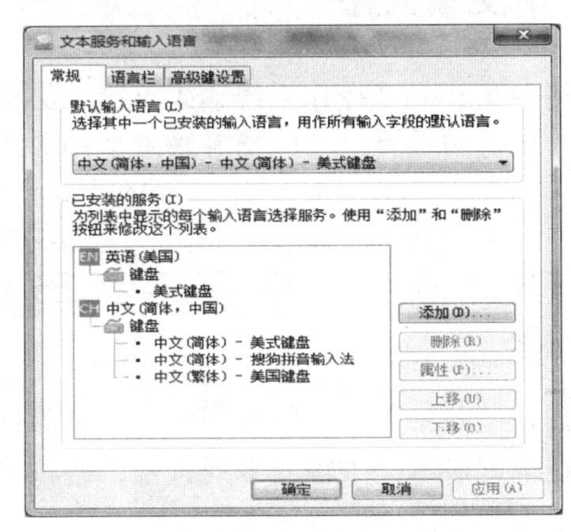


图 1.15 文本服务和输入语言选项

（3）可以通过【添加】和【删除】按钮加载或卸载系统中已有的输入法。

## 二、启动和切换中文输入法的方法

（1）启动 Windows 7 操作系统后，在任务栏的右侧有输入法图标，单击该图标后会出现输入法列表菜单，如图 1.16 所示，可以用鼠标在输入法列表菜单中单击选择一种输入法。

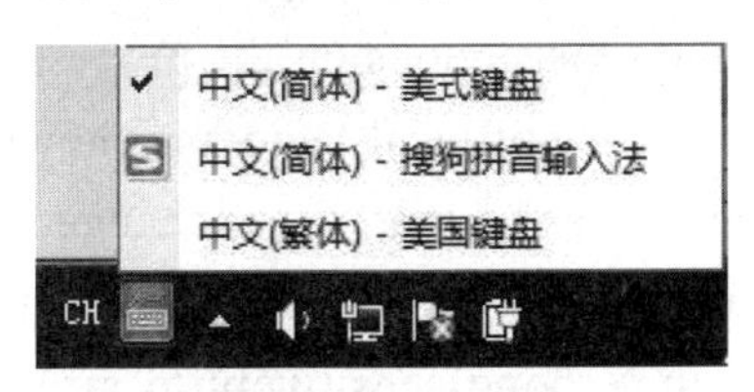


图 1.16 输入法列表

（2）如果使用键盘操作，默认情况下可以通过【Ctrl+Space】组合键打开或关闭中文输入法，或使用【Ctrl+Shift】组合键轮流切换输入法。

## 三、半角/全角方式的切换和中英文标点输入

（1）选择一种输入法后，屏幕上会出现一个输入法状态条，例如搜狗拼音输入法，如图1.17所示。

图 1.17 搜狗拼音输入法状态条

（2）其中 是半角/全角方式切换按钮，半角状态显示为 ，全角状态显示为 ；中 是中英文方式切换按钮，中文状态为中，英文状态为英； 是中英文标点切换按钮，中文状态显示为 ，英文状态显示为 。

## 四、中文输入法

要使用 Windows 7 操作系统输入汉字，必须使用中文输入法。现在常用的中文输入法有很多，用户可以根据自己实际情况学习使用并应熟练掌握其中一种中文输入法。

# 任务三 英文输入练习

（1）打开“开始”→“所有程序”→“附件”→“记事本”。

（2）在“记事本”中输入下列符号，各符号之间加入 1 个英文空格，共输入 5 行。

_ ` ' " , . : ; ? \ ~ ! @ # $ % ^ & | ( ) { } [ ] < >+ - * / =

（3）输入下列英文字符，共输入 5 行。

AaBbCcDdEeFfGgHhIiJjKkLlMmNnOoPpQqRrSsTtUuVvWwXxYyZz

（4）输入下列英文短文。

**Implications for Term Structures and Exchange Rates**

Abstract

This paper studies a multi-factor, two-country term structure and exchange rate model when a diversification effect for an international bond portfolio is expecteD. It shows that the diversification gain calls upon certain restrictions on the process of the stochastic discount factor in a factor-structured economy. Existence of local factors is shown to be a necessary condition for the gains from investing in foreign bonds. Further, the exchange rate risk premia are shown to be a function of the differentials of the risk premia of the factors in bond returns. Empirical results reveal the tendency for investors to respond sensitively to rare shocks, which is shown to be a potential solution to the forward premium puzzle.

I. Introduction

With the increased globalization of international capital markets, there is an important need for financial economists to develop realistic, internally consistent models of cross-country term structures and exchange rates. Important open issues include assessing the value of diversification in international bond portfolios,determining optimal hedging strategies, and valuing cross-country derivative securities. This paper develops a multi-factor, two-country term structure model that is rich enough to address these questions.

Following the stochastic discount factor approach of Constantinides (1992), I assume that there are two stochastic discount factors, which differ in their denominating currency. I show that the gains from globalizing bond portfolios and the no-arbitrage condition jointly impose certain parametric restrictions on the diffusion process of the stochastic discount factors (SDFs hereafter). The key feature of these restrictions is that the drift of the stochastic discount factor denominated in a particular country's currency is driven by its local factors as well as the common factors (or world-wide factors), whereas its diffusion term is governed by all the factors (i.e., including the other country's local factors). These restrictions arise because the spanning enhancement of investment in foreign fixed-income securities signifies a non-trivial extension of the domestic stochastic discount factor to the global stochastic discount factor in a certain way.

As a specific example, I present a three-factor, two-country term structure model—a common factor and a country-specific factor in each country. The resulting term structure of interest rates in each country is determined by the conditional expectation of the future evolution of these stochastic discount factors, and, applying the no-arbitrage condition, the depreciation rate of the exchange rate is endogenously determined as the ratio of the stochastic discount factors.

This model could be potentially important for several reasons. First, my model can address the important issue of global diversification of fixed-income portfolios. Second, and related, the model delivers extensive analysis on the stochastic correlation structure of the two-country interest rates over different horizons. The stochastic property of the term structure correlation implied by the model is far more general than that of common factor models. Third, this model can provide important implications for the forward premium puzzle, the full features of which existing international term structure models have ignoreD. In addition, my model delivers the price formulas of currency options derived in the multi-factor framework, extending Heston's (1993) model and Bakshi and Chen's (1997) model in an importantway. The closed-form solutions for prices of currency options allow for various features of stochastic smile and smirk effects.

This model can be viewed as an extension of international-based term structure models of Nielson and Sa′a-Requejo (1993), Sa′a-Requejo (1993), Bansal (1997), and Bakshi and Chen (1997). Nielson and Sa′a-Requejo (1993) and Sa′a-Requejo (1993) extend the two-country equilibrium model of Lucas (1982) in a continuous-time setup, while accommodating only common factors. Bakshi and Chen (1997) extend these models by focusing on a nominal two-country equilibrium model wherein the money supply in each country is affected by common monetary factors. Their study is centered upon the relationship between macroeconomic determinants and asset prices. In contrast, this paper focuses on identification of factor structures that are consistent with stylized empirical facts. Adopting the pricing kernel approach similar to this paper, Backus, Foresi, and Telmer (2001) explore a solution to the forward premium puzzle in a discrete-time framework. They specifically suggest my model as one of two potential solutions to the forward premium puzzle.

（5）保存以上录入的文件。点击“记事本”的“文件”菜单，选择“保存”命令，保存位置为“桌面”，给保存的文件命名为“Exercise 1”。

（6）关闭“记事本”。

# 任务四 中文输入练习

（1）打开“开始”→“所有程序”→“附件”→“记事本”。

（2）在“记事本”中输入下列字符。

1234567890（半角数字符号）

１２３４５６７８９０（全角数字符号）

AaBbCcDdEeFfGgHhIiJjKkLlMm……UuVvWwXxYyZz（半角英文符号）

ＡａＢｂＣｃＤｄＥｅＦｆＧｇ……ＵｕＶｖＷｗＸｘＹｙＺｚ（全角英文符号）

, ` : ; ' " \ () {} [] <> ? + - * /（英文标点符号）

，。：；‘’“”、（）『』【】《》？＋－×／（中文全角标点符号）

（3）输入以下文章。

**上帝掷骰子吗——量子物理史话**

如果要评选物理学发展史上最伟大的那些年代，那么有两个时期是一定会入选的：17世纪末和20世纪初。前者以牛顿《自然哲学之数学原理》的出版为标志，宣告了现代经典物理学的正式创立；而后者则为我们带来了相对论和量子论，并最彻底地推翻和重建了整个物理学体系。所不同的是，今天当我们再谈论起牛顿的时代，心中更多的已经只是对那段光辉岁月的怀旧和祭奠；而相对论和量子论却仍然深深地影响和困扰着我们至今，就像两颗青涩的橄榄，嚼得越久，反而更加滋味无穷。

我在这里先要给大家讲的是量子论的故事。这个故事更像一个传奇，由一个不起眼的线索开始，曲径通幽，渐渐地落英缤纷，乱花迷眼。正在没个头绪处，突然间峰回路转，天地开阔，如河出伏流，一泄汪洋。然而还未来得及一览美景，转眼又大起大落，误入白云深处不知归路……量子力学的发展史是物理学上最激动人心的篇章之一，我们会看到物理大厦在狂风暴雨下轰然坍塌，却又在熊熊烈焰中得到了洗礼和重生。我们会看到最革命的思潮席卷大地，带来了让人惊骇的电闪雷鸣，同时却又展现出震撼人心的美丽。我们会看到科学如何在荆棘和沼泽中艰难地走来，却更加坚定了对胜利的信念。

量子理论是一个复杂而又难解的谜题。她像一个神秘的少女，我们天天与她相见，却始终无法猜透她的内心世界。今天，我们的现代文明，从电脑，电视，手机到核能，航天，生物技术，几乎没有哪个领域不依赖于量子论。但量子论究竟带给了我们什么？这个问题至今却依然难以回答。在自然哲学观上，量子论带给了我们前所未有的冲击和震动，甚至改变了整个物理世界的基本思想。它的观念是如此的革命，乃至最不保守的科学家都在潜意识里对它怀有深深的惧意。现代文明的繁盛是理性的胜利，而量子论无疑是理性的最高成就之一。但是它被赋予的力量太过强大，以致有史以来第一次，我们的理性在胜利中同时埋下了能够毁灭它自身的种子。以致量子论的奠基人之一玻尔（Niels Bohr）都要说："如果谁不为量子论而感到困惑，那他就是没有理解量子论。"

掐指算来，量子论创立至今已经超过 100 年，但它的一些基本思想却仍然不为普通的大众所熟知。那么，就让我们再次回到那个伟大的年代，再次回顾一下那场史诗般壮丽的革命，再次去穿行于那惊涛骇浪之间，领略一下眩晕的感觉吧。我们的快艇就要出发，当你感到恐惧或者震惊时，请务必抓紧舷边。但大家也要时刻记住，当年，物理史上最伟大的天才们也走过同样的航线，而他们的感觉，和我们是一模一样的。

（4）以"上帝掷骰子吗"作为文件名将录入的文字保存在桌面上，关闭"记事本"窗口。

# 实训二 Windows 7 操作系统

## 任务一 Windows 7 操作系统的安装

### 实训目的

※ 熟练 Windows 7 操作系统的安装。

### 实训内容

以安装 Windows 7 旗舰版为例。

### 一、安装环境

CPU 2.0 GHz 及以上。Windows 7 包括 32 位及 64 位两种版本，如果希望安装 64 位版本，则需要 CPU 的支持。

（1）安装 Windows 7 的最低配置，见表 2.1。

**表 2.1 最低配置**

| 配置名称 | 基本要求 | 备 注 |
|---|---|---|
| CPU | 1 000 MHz 及以上 | CPU 只要性能好，基本满足要求 |
| 内存 | 1 GB 及以上 | 安装识别的最低内存是 512 M，小于 512 M 会提示内存不足 |
| 硬盘 | 16 GB 以上可用空间 | 安装后就这大小，最好保证那个分区有 20 GB 的容量 |
| 网卡 | 互联网连接/电话 | 需要联网/电话激活授权，否则只能进行为期 30 天的评估 |

（2）安装 Windows 7 的推荐配置，见表 2.2。

**表 2.2 推荐配置**

| 配置名称 | 基本要求 | 备 注 |
|---|---|---|
| CPU | 2.0GHz 及以上 | Windows 7 包括 32 位及 64 位两种版本，如果希望安装 64 位版本，则需要支持 64 位运算的 CPU 的支持 |
| 内存 | 1G DDR 及以上 | 最好还是 2G DDR2 以上，最好用 4GB（32 位操作系统只能识别大约 3.25GB 的内存，但是通过破解补丁可以使 32 位系统识别并利用 4G 内存） |
| 硬盘 | 40GB 以上可用空间 | 因其他软件需要，可能还需多几 GB 空间 |
| 显卡 | 显卡支持 DirectX 9 | 显卡支持 DirectX 9 就可以开启 Windows Aero 特效，WDDM1.1 或更高版本（显存大于 128MB） |
| 网卡 | 互联网连接/电话 | 需要在线激活，如果不激活，目前最多只能使用 30 天 |

## 二、准备工作

（1）准备好 Windows 7 旗舰版简体中文版安装光盘，并检查光驱是否支持自启动。

（2）可能的情况下，在运行安装程序前用磁盘扫描程序扫描所有硬盘，检查硬盘错误并进行修复，否则安装程序运行时如检查到有硬盘错误会造成麻烦。

（3）用纸张记录安装文件的产品密匙（安装序列号）。

（4）可能的情况下，用驱动程序备份工具（如：驱动精灵）将原 Windows XP 下的所有驱动程序备份到硬盘上（如：E：\Drive）。最好能记下主板、网卡、显卡等主要硬件的型号及生产厂家，预先下载驱动程序备用。如果是品牌电脑，可登录品牌电脑官方网站下载对应型号、对应操作系统的驱动程序。

（5）如果想在安装过程中格式化 C 盘或 D 盘（建议安装过程中格式化 C 盘），请备份 C 盘或 D 盘有用的数据。

## 三、安装过程

第 1 步：设置光盘优先启动。

重新启动系统并把 BIOS 中把光驱设为第一启动盘，保存设置并重启。

将 Windows7 安装光盘放入光驱，重新启动电脑。

刚启动时，当出现“Press any key to boot from CD…”时快速按下回车键，屏幕进度条提示“Windows is loading files…”，随后开始 Windows 7 系统安装。

第 2 步：选择安装的语言界面，默认是简体中文。选好以后点“下一步”。接下来点击“现在安装”，如图 2.1 所示。

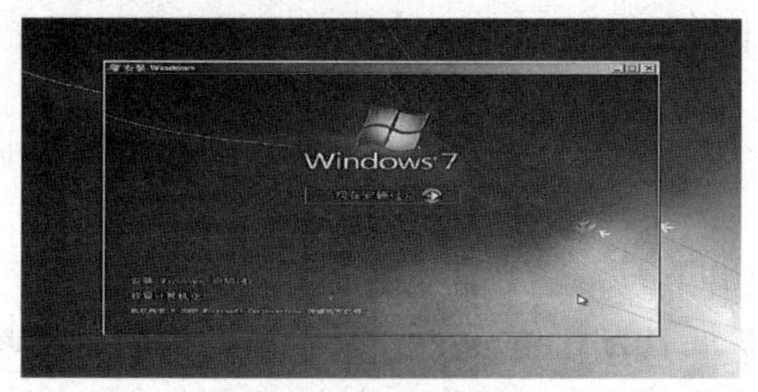


图 2.1　现在安装

第 3 步：选择安装类型，是升级安装还是自定义安装。如果打算直接从 XP 或者 Vista 升级到 Windows7，就选择升级，如果是全新安装的话，就选择自定义，如图 2.2 所示。

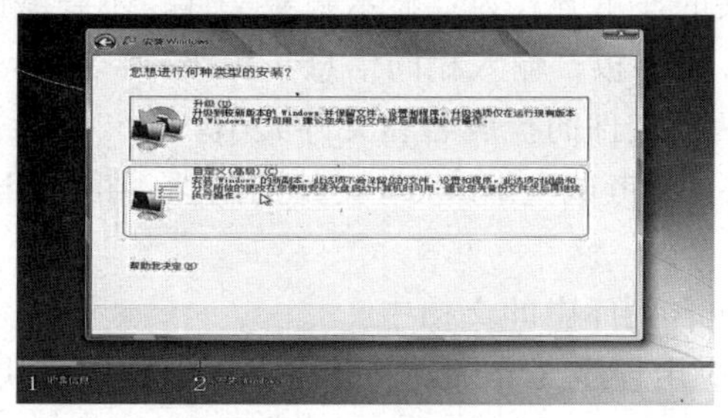

图 2.2　安装类型

第 4 步：安装完成，重新启动，进入登录界面，输入用户名和计算机名。

第 5 步：输入自己的 Windows 产品密钥（一般是放在购买的 Windows 7 包中），完成后，进入欢迎界面，安装完毕。

# 任务二　Windows7 资源管理器的基本操作

## 实训目的

※ 了解和熟悉 Windows 7 的操作环境。

※ 掌握 Windows 7 的帮助系统的使用。

※ 熟练掌握 Windows 7 任务栏、开始菜单、桌面、窗口的操作。

※ 熟练掌握一种中文输入法及软键盘的使用。

※ 熟练掌握资源管理器的操作。

※ 熟练掌握库的管理与操作。

※ 熟练掌握创建、删除快捷方式的方法。

## 实训内容

（1）Windows 7 的启动和退出，查看自己所使用的计算机的常规信息。

（2）使用 Windows 7 的帮助系统，查看 Windows 7 的入门知识。

（3）熟悉和使用任务栏。

① 查看“开始”按钮、快速启动工具栏、程序按钮区、通知区域和显示桌面按钮。

② 将【开始】菜单【所有程序】【附件】中的“记事本”程序锁定到任务栏。

（4）资源管理器操作。

① 掌握窗口的操作：移动窗口、调整窗口、窗口切换、窗口排列、复制窗口（Alt+Print Screen）。

② 在 D 盘建立 XH（以自己的学号重命名）文件夹。

③ 查找 C 盘上所有扩展名为.txt 的文件，任意选择 2 个文件拷贝到 D:\XH 中。

④ 查找 C 盘上文件名中第二个字符为 A,扩展名为.bmp，文件大小在 10KB—100KB 的文件。

⑤ 设置 XH 文件夹的显示方式为详细信息。

⑥ 设置文件和文件夹的显示方式为：显示隐藏文件，不隐藏已知文件类型的扩展名。

⑦ 分别打开记事本、写字板，输入相同信息：班级+姓名+学号，并保存在 XH 文件夹中，文件名为 file。比较两个文件的扩展名和文件大小。

⑧ 查看“一级 Windows7 考试大纲.doc”文件的属性，并使用 Windows 资源管理器的预览窗格查看文件内容。

⑨ 将 D:\XH 文件夹包含到库中的文档中。

（5）查找系统提供的应用程序 Calc.exe，并在桌面上建立其快捷方式，快捷方式命名为“计算器”。

（6）使用计算器。

① 选择科学型和程序员型。

② 计算十进制数 2014，用二进制、八进制、十六进制各表示为多少?

③ 换算：100 加仑等于多少立方米? 100 磅等于多少千克?

④ 日期计算：从今天到 2016 年 12 月 31 日还有多少天?

## 任务三　视觉效果和声音的“个性化”设置

### 实训目的

※ 熟练掌握 Windows 操作系统“个性化”设置。

### 实训内容

（1）改变屏幕保护为“三维文字”，显示的文字为“欢迎来到××职业技术学院”，旋转类型为“滚动”，等待时间为“2 分钟”，“在恢复时显示登录界面”。

（2）桌面背景为“自然”系列 6 张图片，图片位置为“居中”，更改图片时间间隔为“15 分钟”。

（3）设置窗口颜色（窗口边框、开始菜单和任务栏的颜色）为“黄昏”，启用半透明效果。

（4）设置 Windows 声音方案为“书法”。

（5）设定 Windows 系统的数字格式为：小数点为“.”，小数位数为“2”，数字分组符为“,”，组中数字的个数为“3”，列表项分隔符为“,”，负号为“－”，负数格式为“1.1－”，度量单位用“美制”，显示起始的零为“0.7”。

（6）设定 Windows 系统的时间样式为“tt hh:mm:ss”，上午符号为“AM”，下午符号为“PM”。

（7）将 Windows 系统日期格式设为：短日期为“yy-MM-dd“；长日期样式为“yyyy'年'M'月'd'日'”。

（8）设置 Windows 货币符号为“$”，货币正数格式为“￥1.1”，货币负数格式为“￥1.1－”，小数位数为 2 位，数字分组符号为“;”，数字分组为每组 3 个数字。

（9）设置语言栏“停靠于任务栏”，“在非活动时，以透明状态显示语言栏”。设置切换到“微软拼音输入法”的快捷键为【Ctrl+Shift+1】。

## 任务四　Windows7 操作系统运行命令集认知

### 实训目的

※ 了解和熟悉 Windows 7 操作系统运行命令集。

## 实训内容

阅读并熟悉 Windows 7 操作系统运行命令集，见表 2.3。

表 2.3 Windows 7 操作系统运行命令集

| 命令 | 含义 | 命令 | 含义 |
|---|---|---|---|
| cleanmgr | 打开磁盘清理工具 | compmgmt.msc | 计算机管理 |
| msconfig | 系统配置实用程序 | charmap | 启动字符映射表 |
| calc | 启动计算器 | chkdsk | 磁盘检查 |
| cmd | 命令提示符 | certmgr.msc | 证书管理实用程序 |
| dvdplay | DVD 播放器 | diskmgmt.msc | 磁盘管理实用程序 |
| dfrgui.exe | 磁盘碎片整理程序 | devmgmt.msc | 设备管理器 |
| dxdiag | 检查 DirectX 信息 | dcomcnfg | 打开系统组件服务 |
| explorer | 打开 Windows 库 | eventvwr | 事件查看器 |
| eudcedit | 造字程序 | fsmgmt.msc: | 共享文件夹管理器 |
| gpedit.msc | 组策略 | iexpress | 压缩工具，系统自带 |
| logoff | 注销命令 | lusrmgr.msc | 本机用户和组 |
| mdsched | Windows 内存诊断程序 | mstsc | 远程桌面连接 |
| mplayer2 | Windows Media Player | mspaint | 画图板 |
| magnify | 放大镜实用程序 | mmc | 打开控制台 |
| mobsync | 同步命令 | notepad | 打开记事本 |
| nslookup | 网络管理的工具向导 | narrator | 屏幕“讲述人” |
| netstat | an(TC)命令检查接口 | osk | 打开屏幕键盘 |
| OptionalFeatures | “Windows 功能”对话框 | perfmon.msc | 计算机性能监测程序 |
| regedt32(regedit) | 注册表编辑器 | rsop.msc | 组策略结果集 |
| services.msc | 本地服务设置 | sysedit | 系统配置编辑器 |
| sigverif | 文件签名验证程序 | shrpubw | 创建共享文件夹 |
| secpol.msc | 本地安全策略 | syskey | 系统加密 |
| Sndvol | 音量控制程序 | sfc | 系统文件检查器 |
| sfc /scannow | windows 文件保护(扫描错误并复原) | taskmgr | 任务管理器 |
| utilman | 辅助工具管理器 | winver | 检查 Windows 版本 |
| wmimgmt.msc | 打开 windows 管理体系结构(WMI) | Wscript | windows 脚本宿主设置 |
| write | 写字板 | wiaacmgr | 扫描仪和照相机向导 |
| psr | 问题步骤记录器 | PowerShell | 提供强大远程处理能力 |
| colorcpl | 颜色管理，配置显示器和打印机等中的色彩 | credwiz | 备份或还原储存的用户名和密码 |
| eventvwr | 事件查看器 | wuapp | Windows Update |
| wf.msc | 高级安全 Windows 防火墙 | SoundRecorder | 录音机，没有录音时间的限制 |
| snippingtool | 截图工具，支持无规则截图 | slui | Windows 激活，查看系统激活信息 |
| sdclt | 备份和还原 | Netplwiz | 高级用户账户控制面板 |
| msdt | 微软支持诊断工具 | lpksetup | 安装或卸载显示语言 |

# 实训三 计算机网络

## 任务一 IE 浏览器的使用

### 实训目的

※ 了解设置 IE 浏览器的方法。

※ 学会浏览、搜索、收藏各类网站。

※ 学会从互联网上下载文件。

### 实训内容

**1. 设置搜狐网站为主页**

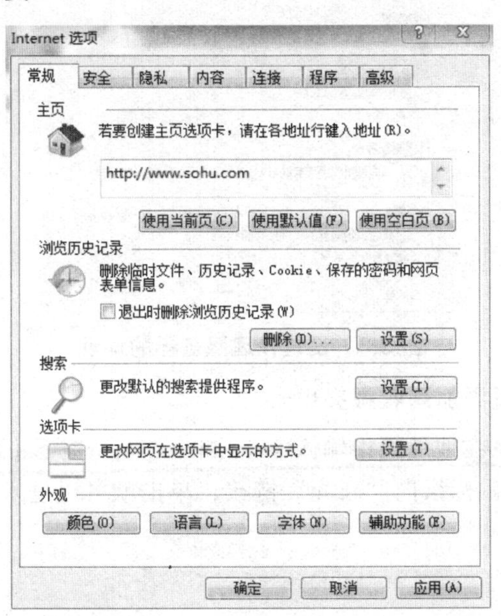


**图 3.1 “Internet 属性”对话框**

（1）双击打开 Internet Explorer 浏览器。

（2）打开 Internet Explorer 属性对话框，将主页栏中原来的网页删除，并输入 http://www、sohu、com,单击使用当前页，点击【确定】。

**2. 设置代理服务器**

（1）在打开的 Internet Explorer 属性对话框中（见图 3.1），点击【连接】，如图 3.2 所示，弹出连接对话框。

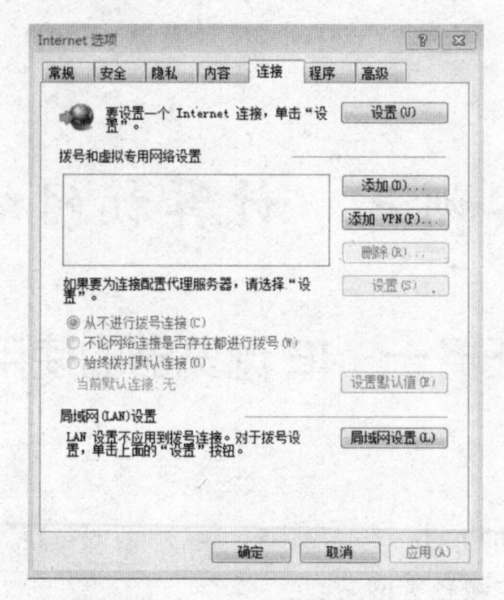


图 3.2 “Internet 选项连接”对话框

（2）在 Internet 选项连接对话框中，点击“局域网设置”，将代理服务器的地址设置为 172.16.1.250，端口号设置为 8080，如图 3.3 所示。

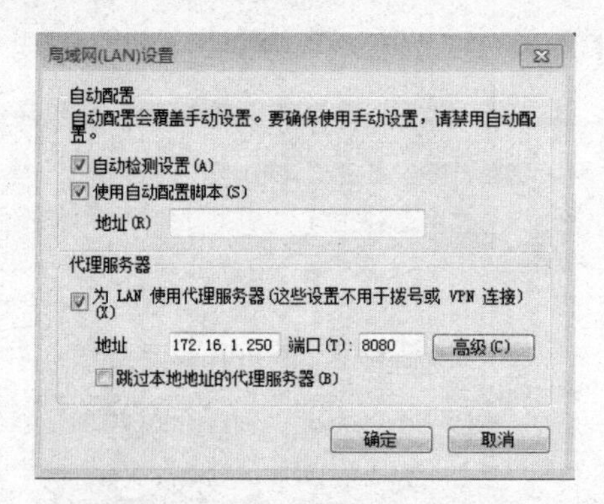


图 3.3 设置代理服务器的地址

3. **浏览网页并将网页添加到收藏夹中**

（1）启动 IE 浏览器，在地址栏中输入 www.sina.com，按下【Enter】键就进入到新浪的主页，如图 3.4 所示，将鼠标指向“新闻”链接，单击就可以进入新浪“新闻”网页，如图 3.5 所示。

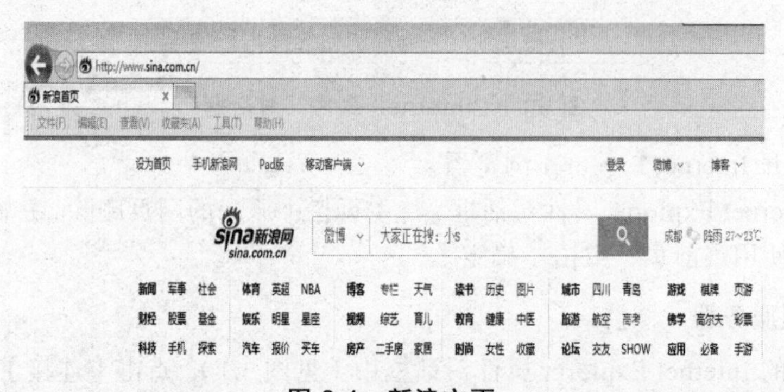


图 3.4 新浪主页

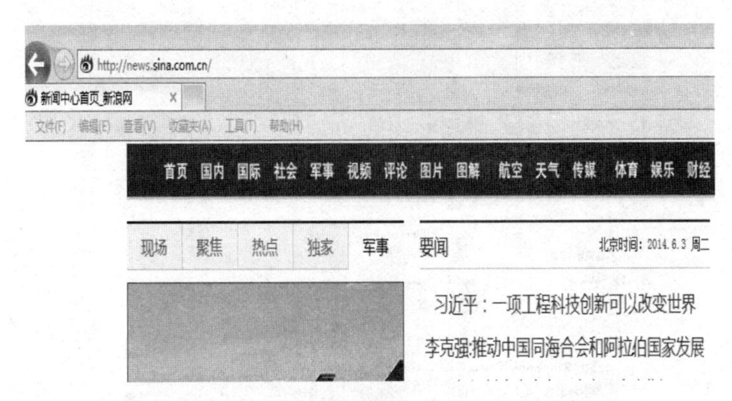


图 3.5　新浪新闻

（2）回到新浪主页，选择“添加到收藏夹”出现“添加到收藏夹”对话框，在“名称”一栏输入“新浪”，单击【添加】按钮，如图 3.6 所示。

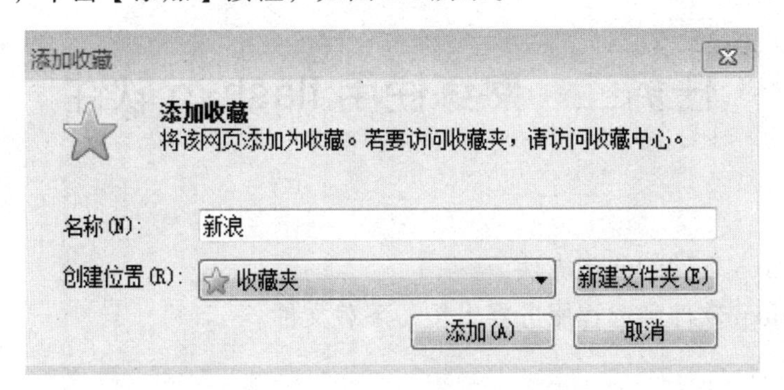


图 3.6　“添加到收藏夹”对话框

4. 到网站上下载文件

进入百度搜索引擎，在搜索地址栏输入“Winrar 免费下载”并按【Enter】键，可以得到下载的相关网页，如图 3.7 所示，选择要下载的链接，弹出“另存为”对话框，如图 3.8 所示，单击【保存】按钮即可下载该软件。

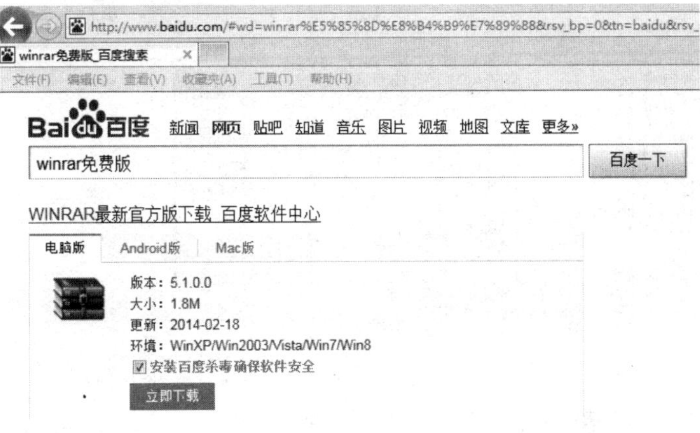


图 3.7　百度搜索

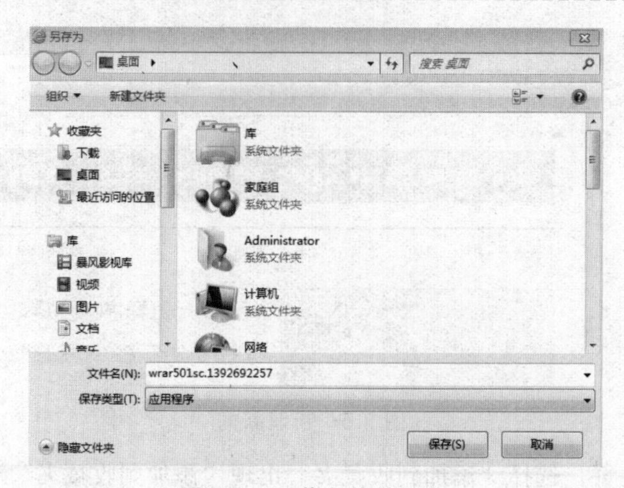


图 3.8　下载文件并保存

# 任务二　熟练使用 flashxp 软件

## 实训目的

※ 了解 flashxp 软件的使用方法。

※ 利用 flashxp 软件到远程服务器上传、下载文件。

## 实训内容

### 1. 下载远程服务上的文件到本地

（1）打开 flashfxp 软件，按 F8，服务器填写 172.16.1.251，如图 3.9 所示。

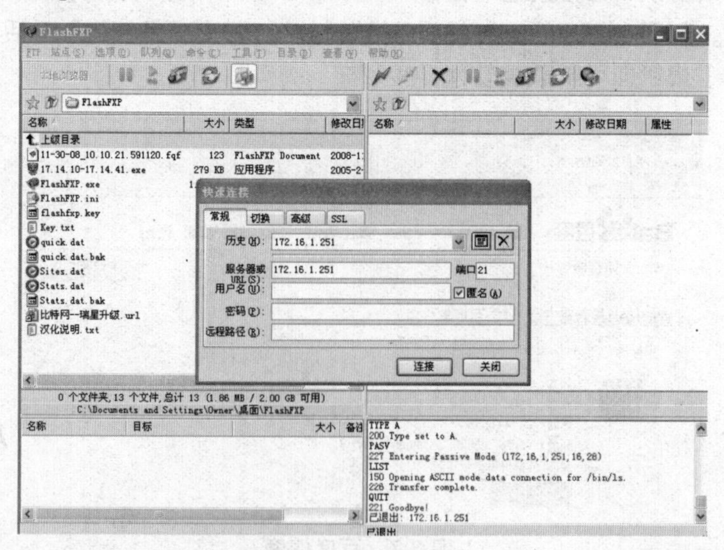


图 3.9　flashfxp 软件

（2）点击连接，进入远程服务器界面，如图 3.10 所示。

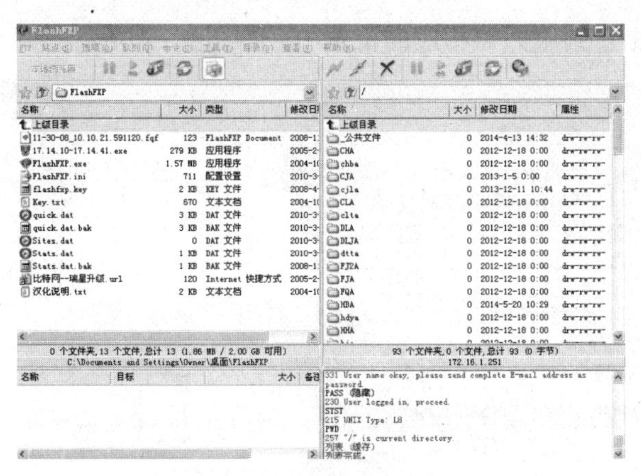

图 3.10　远程服务器界面

（3）将远程服务器公共文件夹下的软件下载到本地桌面，如图 3.11 所示。

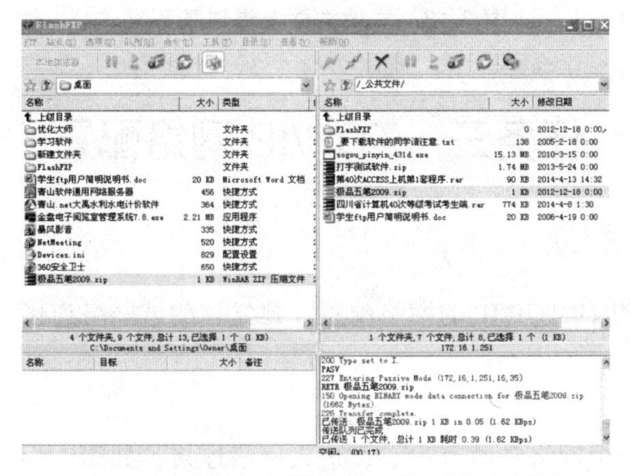

图 3.11　下载远程服务器文件到本地桌面

## 2. 将本地文件上传到服务器地址中

（1）打开 flashfxp 软件，按 F8，输入服务器地址，输入用户名和密码，如图 3.12 所示。

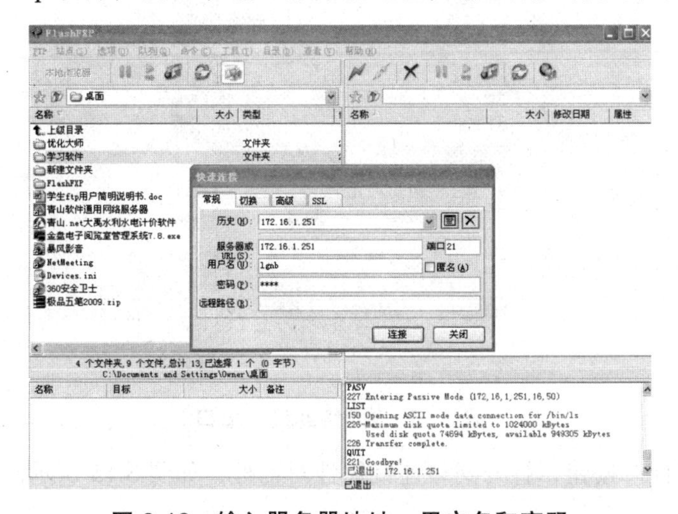


图 3.12　输入服务器地址、用户名和密码

（2）将本地文件上传到服务器相应的位置中，如图 3.13 所示。

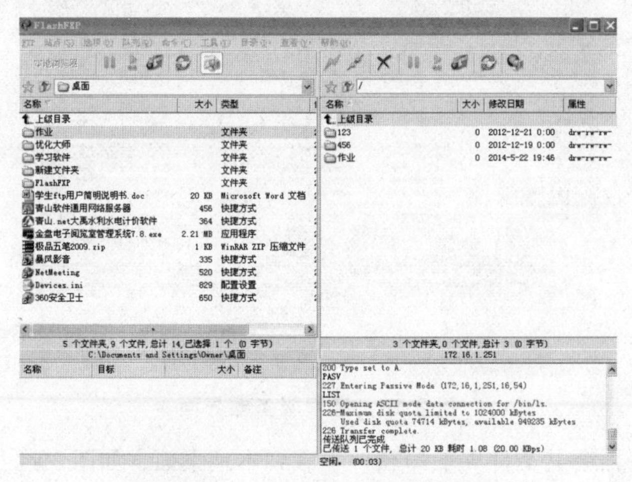

图 3.13 本地文件上传到服务器

# 任务三 TCP/IP 网络配置

## 实训目的

※ 掌握本地计算机的 TCP/IP 的网络配置，建立和测试网络连接。

## 实训内容

（1）打开控制面板中网络和共享中心，进入网络连接，如图 3.14 所示。

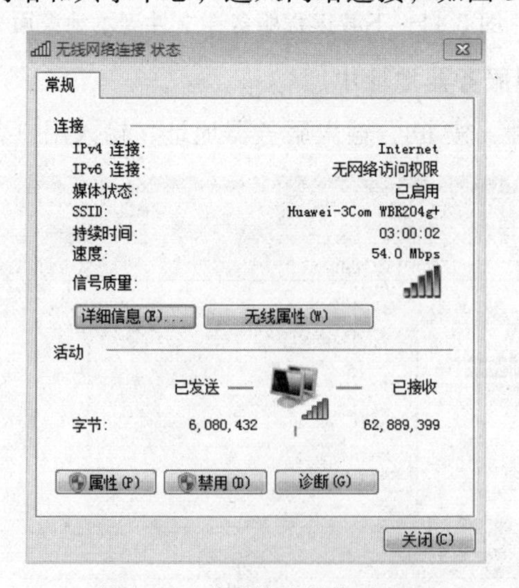


图 3.14 “网络连接”窗口

（2）单击“属性”按钮，打开网络连接属性对话框，如图 3.15 所示。

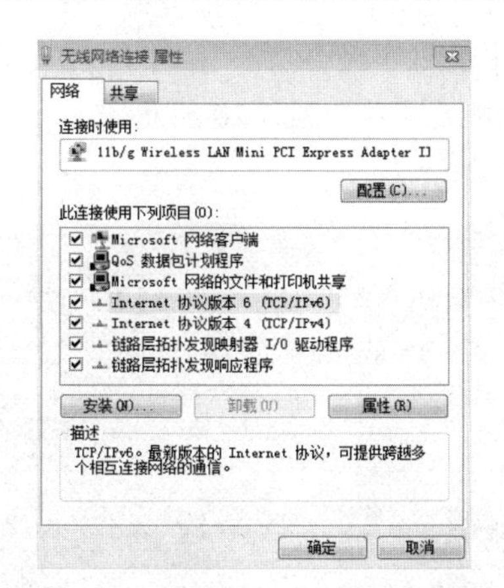


图 3.15　“网络连接属性”对话框

（3）选中“Internet 协议版本 4（TCP/IPv4）”，如图 3.16 所示。选中“Internet 协议版本 6（TCP/IPv6）”，如图 3.17 所示。

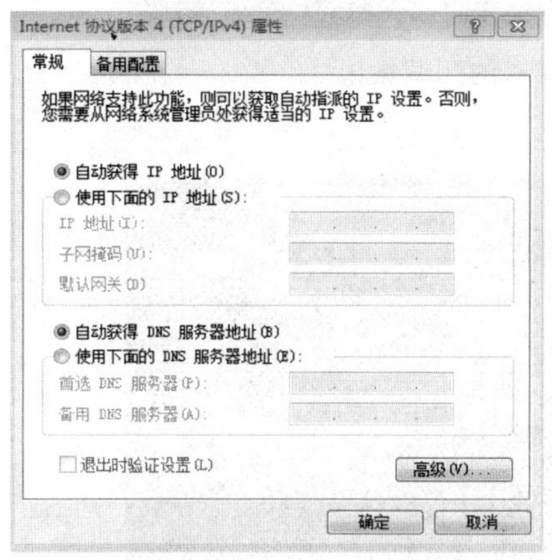


图 3.16　TCP/IPv4

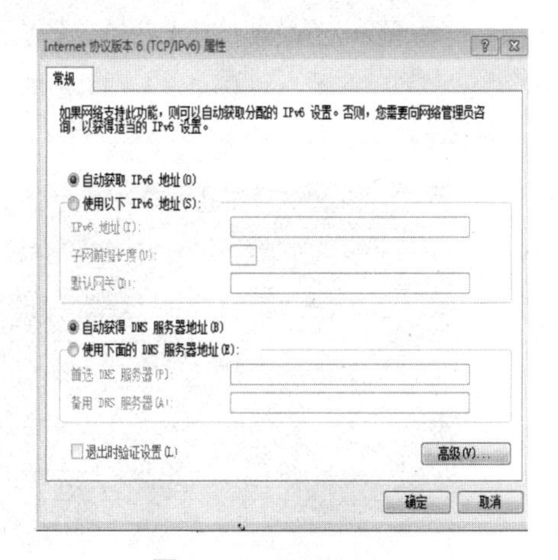


图 3.17　TCP/IPv6

（4）在“Internet 协议版本 4（TCP/IPV4）”中选中“使用下面的 IP 地址”，输入如图 3.18 所示的数据（此数据根据当时的网络环境而定）。

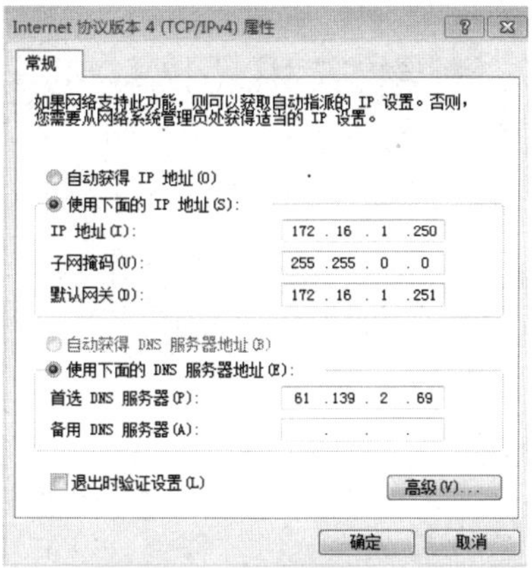

图 3.18　输入 IP 地址

（5）在【开始】菜单中的【运行】命令中，输入 IP 地址进行测试，TCP/IP 通过测试的结果如图 3.19 所示，未连通的测试结果如图 3.20 所示。

图 3.19　TCP/IP 已经连通的测试结果

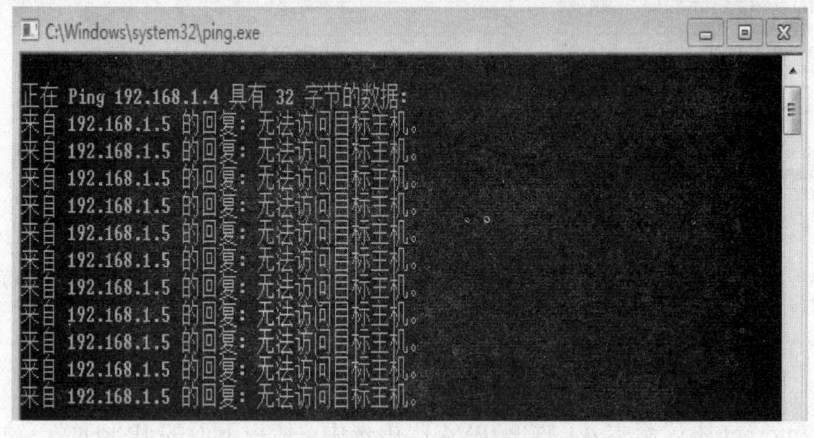


图 3.20　TCP/IP 未连通的测试结果

# 任务四　查看本机网络的基本信息

## 实训目的

※ 了解什么是 ipconfig 命令。

※ 学会使用 ipconfig 命令。

## 实训内容

（1）执行“开始”→“命令”中输入“cmd”命令，单击“确定”，系统将自动弹出 DOS 命令窗口，如图 3.21 所示。

图 3.21　DOS 命令窗口

（2）在 DOS 命令提示符后输入 ipconfig/all，再回车后显示结果如图 3.22 所示。

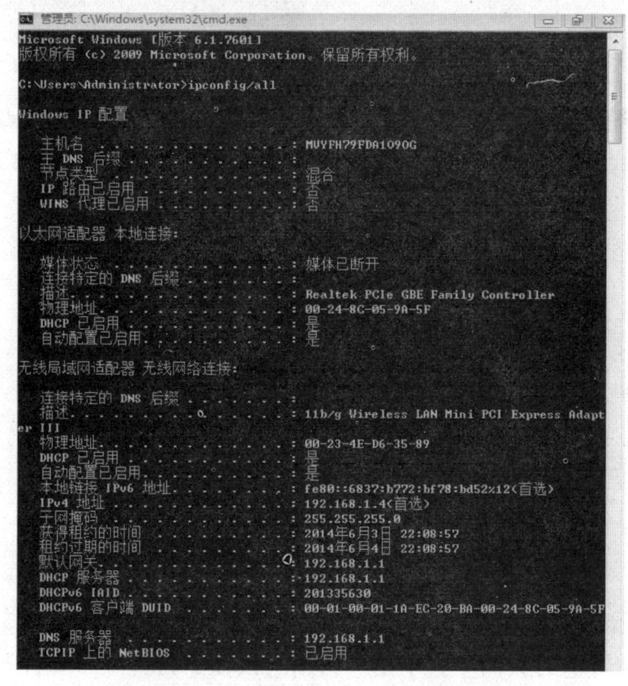


图 3.22　ipconfig/all 命令的执行结果

# 任务五　电子邮件的使用

## 实训目的

※ 掌握电子邮件的相关基本概念。

※ 学会申请电子邮箱，并使用电子邮箱收发电子邮件。

## 实训内容

（1）打开 IE 浏览器，在地址栏中输入 www.qq.com.点击邮箱进入到邮箱注册页面，如图 3.23 所示。

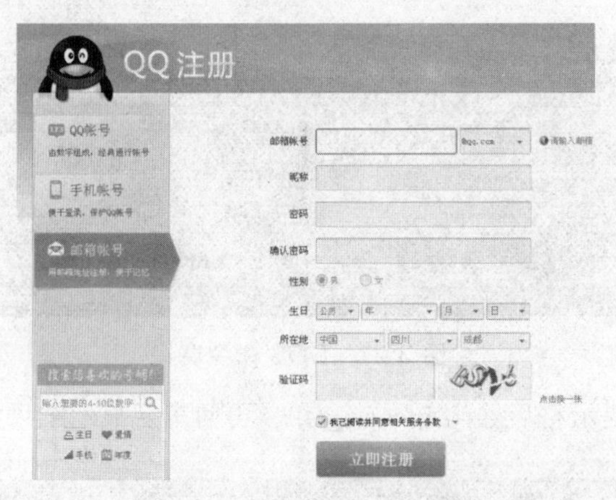


图 3.23 QQ 邮箱注册页面

（2）在“QQ 邮箱注册页面中”根据要求输入相应的个人信息后，点击【立即注册】。

（3）注册成功后，用申请到得账号进行登录并打开邮箱，如图 3.24 所示。

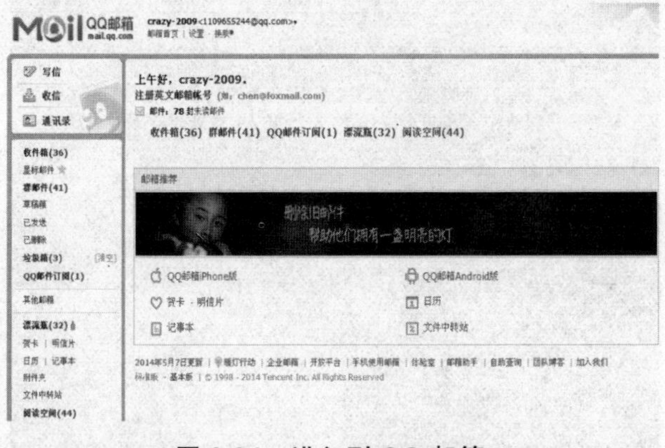


图 3.24 进入到 QQ 邮箱

（4）在如图 3.24 所示的页面中，单击“写信”按钮，打开“写邮件”窗口，在“收件人”和“主题”文本框中输入相应的信息。

（5）在正文区域中输入邮件内容。

（6）若要在邮件中添加附件，可以单击【附件】按钮，并将附件添加到邮件中。

（7）全部设置完成后，单击【发送】按钮，该邮件及附件将被一起发送出去。

（8）若收到了邮件，单击【收件】按钮可以查看收到的新邮件。双击新邮件即可打开邮件。若邮件中含有附件，单击【附件名】即可打开附件或将附件保存在本地计算机的磁盘中。

# 任务六 常用的杀毒软件的设置和使用

## 实训目的

※ 掌握杀毒软件的使用方法。

※ 掌握 360 安全卫士和 360 杀毒软件的设置方法。

## 实训内容

360 公司是中国领先的互联网和手机安全产品及服务供应商，据第三方统计，按用户数量计算，360 是中国第二大互联网公司，最大的互联网安全公司。360 公司由周鸿祎先生于 2005 年 9 月创立，主要以 360 安全卫士、360 杀毒为代表的免费网络安全平台。

360 杀毒软件是 360 安全中心出品的一款免费的云安全杀毒软件。360 杀毒具有以下优点：查杀率高、资源占用少、升级迅速等等。同时，360 杀毒可以与其他杀毒软件共存，是一个较为理想的杀毒软件。同时 360 杀毒软件是一款一次性通过 VB100 认证的国产杀毒软件。

**1. 下载并安装 360 杀毒软件**

（1）要安装 360 杀毒软件，首先可以通过 360 杀毒官方网站 sD.360.cn 下载最新版本的 360 杀毒软件，如图 3.25 所示。

**图 3.25　下载 360 杀毒软件**

（2）下载完成后安装运行软件，如图 3.26 所示。

**图 3.26　安装 360 杀毒软件**

（3）一般情况下建议按照默认设置即可，当然也可以选择更改目录，将 360 杀毒软件安装在其他磁盘，当安装程序运行完成后，点击“完成”，360 杀毒软件便成功地安装到用户的计算机上。

### 2. 卸载 360 杀毒软件

（1）如果要卸载 360 杀毒软件点击 Windows 的【开始】菜单→【所有程序】→【360 安全中心】→【360 杀毒】→【卸载 360 杀毒】，便可删除卸载程序，如图 3.27 所示。

图 3.27 卸载 360 杀毒软件

（2）在卸载过程中，卸载程序会询问用户是否删除文件恢复区中的文件，如果要重新安装 360 杀毒软件，建议选择“否”保留文件恢复区中的文件，否则选择“是”删除文件。

（3）卸载完成后，计算机会提示用户是否重启系统，一般情况下为了保证将 360 杀毒软件卸载干净，最好重启系统，360 杀毒软件便可干净地卸载完成。

### 3. 病毒查杀

360 杀毒软件具有实时病毒防护和手动扫描的功能，为操作系统提供全面的安全防护，360 杀毒软件提供了 4 种手动病毒扫描方式：快速扫描、全面扫描、自定义扫描（见图 3.28）、右键扫描（见图 3.29）。

图 3.28 360 杀毒主界面

（1）快速扫描：扫描 Windows 系统目录及 Program Files 目录。

（2）全盘扫描：扫描所有磁盘分区。

（3）自定义扫描:扫描指定的目录。

（4）右键扫描：当在指定的文件或文件夹上点击鼠标右键时，可以选择“使用 360 杀毒扫描”扫描选中的文件或文件夹。

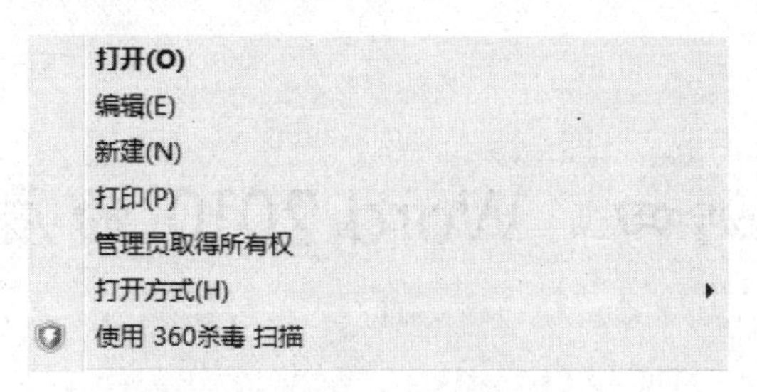


图 3.29　右键扫描指定的文件

### 4. 360 杀毒软件升级

360 杀毒软件有两种升级方式：自动升级和手动升级。

（1）自动升级：如果用户开启了自动升级功能，360 杀毒会在有升级可用时自动下载并安装升级文件。自动升级完成后会有提醒窗口。

（2）手动升级：如果用户想手动升级只需点击主页下方的检查更新，升级程序会连接服务器检查是否有可用更新并自动下载更新文件，当升级完成后即可以查杀最新病毒。

### 5. 360 安全卫士的使用

（1）首次打开 360 安全卫士，软件会进行一次系统全面检测，如图 3.30 所示。

图 3.30　360 卫士全面检测

（2）电脑体检：对于电脑操作系统进行一次快速一件扫描，对木马病毒、系统漏洞、差评插件等问题进行修复，并全面解决潜在的安全风险，提高电脑的运行速度。

（3）查杀木马：先进的启发式引擎，智能查杀未知的木马和云安全引擎，二者合一查杀能力倍增。

（4）系统修复：将浏览器主页、桌面图标、文件夹、系统设置等被恶意篡改的问题进行修复，使系统进入正常“工作状态”。

（5）电脑清理：全面清除电脑垃圾如浏览过的缓存文件，最大限度地提升系统性能。

（6）软件管家：对操作系统中的所有应用软件进行升级或者卸载。

# 实训四　Word 2010 的应用

## 实训目的

※ 掌握 Microsoft Office 2010 安装、启动与退出。
※ 掌握 Word 2010 文档的基本操作及文档编辑。
※ 掌握格式化文档。
※ 掌握图文混排。
※ 掌握表格编辑。
※ 熟悉长文档编辑。
※ 熟悉掌握文档打印。
※ 了解邮件合并。

## 实训内容

## 任务一　Microsoft Office 2010 安装、启动与退出

### 一、全新安装

Office 2010 除支持 32 位和 64 位的 Vista 及 Windows 7 系统外，还支持 32 位 Windows XP 系统。全新安装 Office 2010 是指在没有安装过 Office 系列软件的计算机中安装 Office 2010。Office 2010 的安装与 Office 2003 的安装过程极为相似，只要双击安装文件，然后根据提示进行安装即可。在安装的过程中既可以选择安装所有的文件，也可以自定义安装用户自己需要的组件。

（1）双击安装文件的图标，系统会自动运行 Office 2010 的安装程序，屏幕中会弹出安装向导窗口，进入 Office 2010 授权协议界面，在左下角选中“我接受此协议的条款”复选框，如图 4.1 所示。单击【继续】按钮，进入选择所需要安装的界面，如图 4.2 所示。

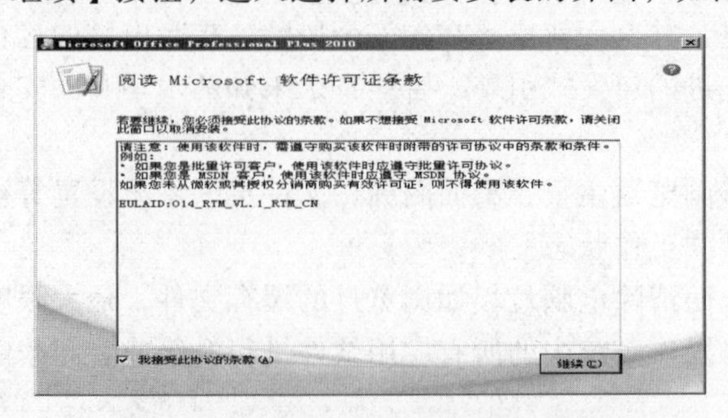


图 4.1　Office 2010 授权协议界面

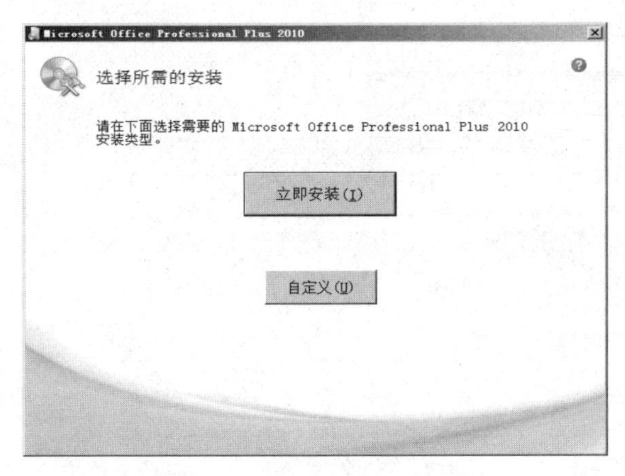


图 4.2　选择所需的安装界面

（2）在安装界面中提供了两个按钮“立即安装”与“自定义”按钮，单击“立即安装”按钮则以默认设置进行安装，单击“自定义”按钮则进行自定义安装。在打开的对话框中默认显示“安装选项”选项卡，如图 4.3 所示。在不需要安装的组件选项前单击 按钮，在弹出的菜单中选择“不可用”选项，如图 4.4 所示，即可选择出不需要安装的组件。

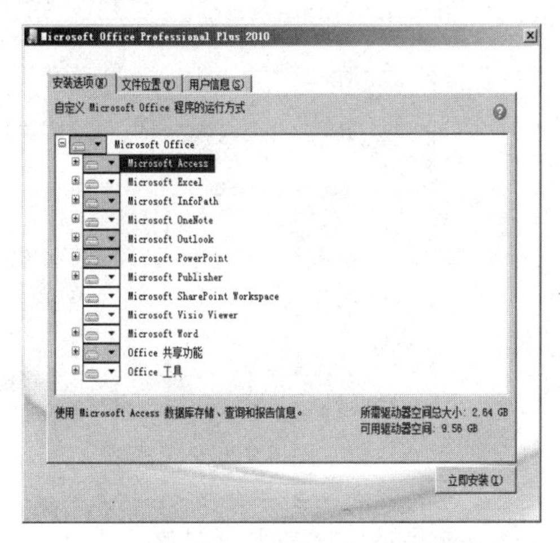


图 4.3　“安装选项”选项卡

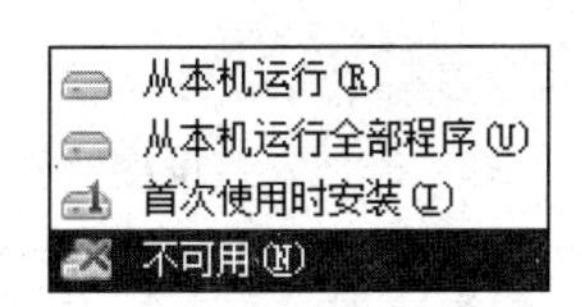


图 4.4　“不可用”选项

提示：

如果之前在计算机中安装了 Office 系列软件，那么安装 Office 2010 时，在该处打开的对话框中，将默认显示“升级”选项卡，从该选项卡中可以选择删除或者保留所有的较早的版本。

Office 系列的组件有很多种，在安装的过程中如果根据用户的需要选择常用的组件可以节省一部分磁盘空间。

（3）其他不需要安装的组件用相同方法将其选中。如图 4.5 所示，选择“文件位置”选项卡，在“选择文件位置”栏的文本框中默认安装位置为 C：\Program Files\Microsoft Office。由于安装 MS Office 2010 办公软件需要占用 2.24 GB 硬盘空间，因此如果用户计算机的系统盘不够，也可以根据情况更改安装路径或者单击右侧的【浏览】按钮来更改安装位置。

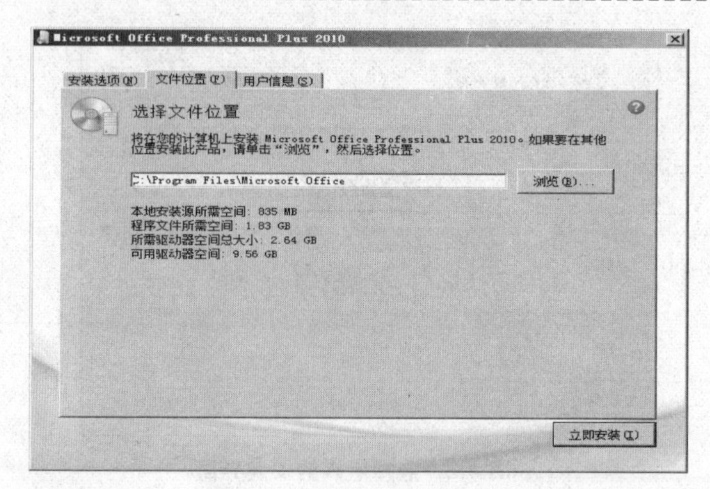


**图 4.5 “文件位置”选项卡**

（4）单击“立即安装”按钮，进入“安装进度”界面，如图 4.6 所示，等待一段时间后，将会出现提示 Office 2010 安装成功界面，如图 4.7 所示。单击【关闭】按钮，软件安装结束后，Office 2010 会自动在【开始】菜单中添加一个 Office 2010 选项。

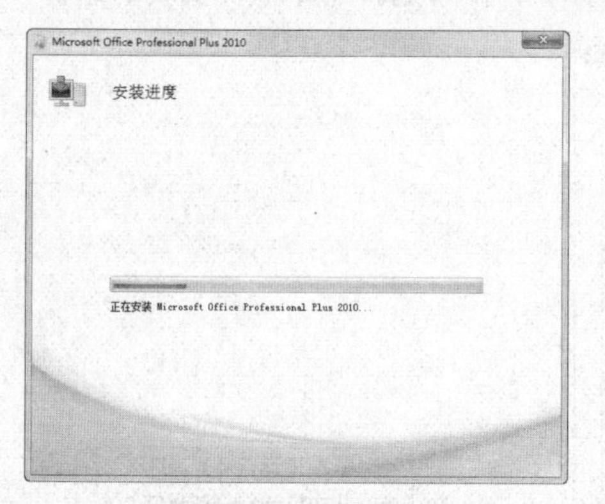


**图 4.6 “安装进度”界面**

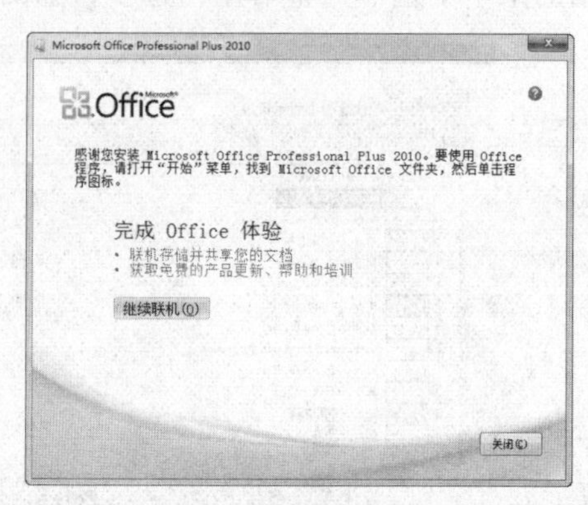


**图 4.7 安装完成**

提示：单击“继续联机”按钮可免费获取产品更新、帮助和联机服务等。

## 二、修复安装

在使用 Office 2010 时，如果遇到需要使用未安装的组件或者已安装的组件出现错误不能使用之类的情况，可以通过 Office 2010 的安装程序进行修复安装。

1. **修复** Office 2010

如果软件在运行过程中经常出现问题，可以通过修复安装该组件程序来改变这一情况，其操作步骤如下：

（1）双击安装文件的图标，弹出更改安装窗口，如图 4.8 所示。在该窗口中选择“修复”选项。

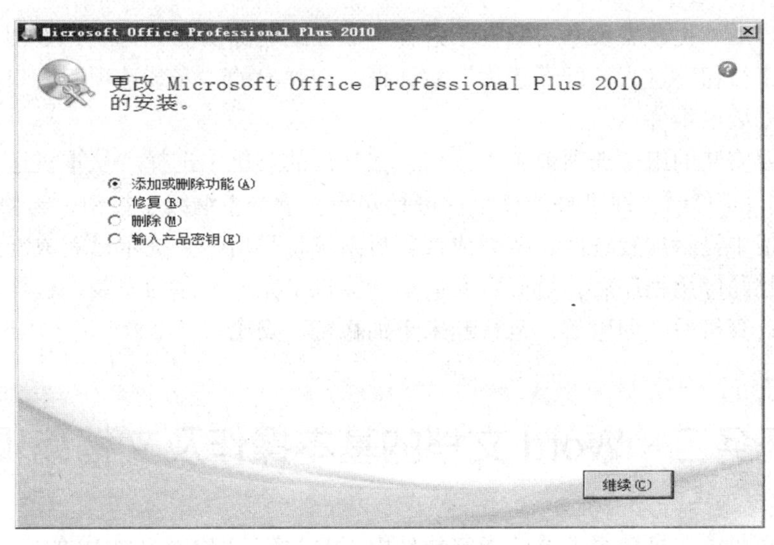


图 4.8　更改安装

（2）待完成修复后系统将弹出一个提示已完成配置的对话框。单击【关闭】按钮，打开询问“是否重新启动系统完成安装”的对话框，单击【是】按钮重启系统完成修复。

2. **添加和卸载 Office 组件**

在使用过程中，如果用户想要添加一些安装时没有安装的组件，或卸载一些不常用的组件，其操作步骤如下：

（1）执行“开始控制面板”命令，在打开的“控制面板”窗口中单击“程序和功能”按钮。进入“卸载或更改程序”窗口，在该窗口中选择 Microsoft Office Professional Plus 2010 选项，单击【更改】按钮，如图 4.9 所示。

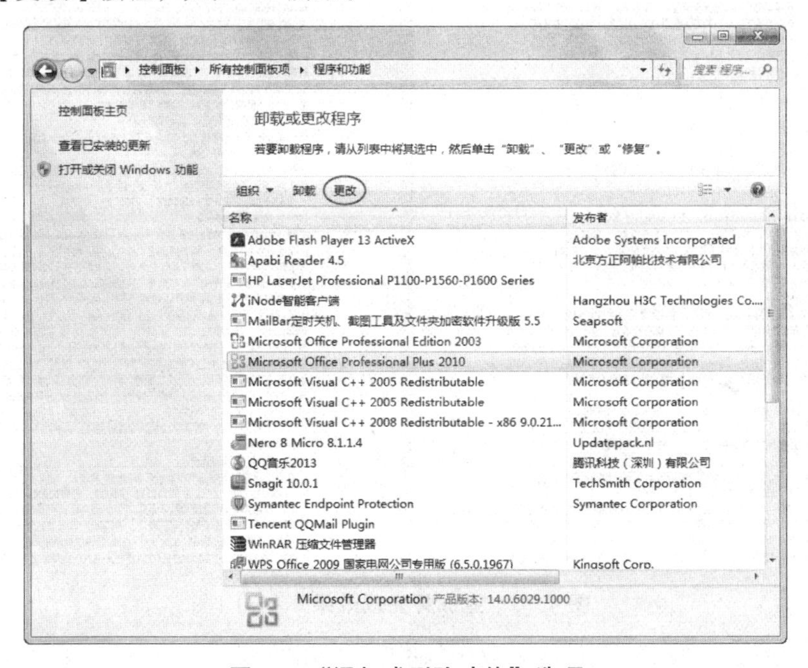


图 4.9　“添加或删除功能”选项

（2）在弹出的“更改安装”对话框中选择“添加或删除功能”选项，如图 4.8 所示，然后单击【继续】按钮，进入“配置进度”对话框。在弹出的“安装选项”窗口中可以看到已经安装和尚未安装的组件。

（3）在需要安装的组件选项前单击按钮，在弹出的菜单中选择“从本机运行”命令，界面与图 4.3、图 4.4 相同，即可添加该组件进行安装。单击【继续】按钮，与修复软件一样，在弹出的对话框中显示配置进度，待完成修复后系统将弹出一个提示已完成配置的对话框。

在添加或删除应用程序后，最好重新启动计算机来完成程序的安装，这样将使安装的程序在重新启动计算机后立即生效，运行起来更加稳定、安全。

# 任务二　Word 文档的基本操作及文档编辑

按指导老师要求在机房服务器的指定地址中下载“实训四 Word 2010 的应用”文件夹（本 Word 后续实训任务的素材及完成效果文档均在此文件夹中，因此以下 Word 实训任务省略本步骤）。打开文档“实训四 Word 2010 的应用\亚洲杯素材 1”，将文档执行【文件】→【另存为】命令，按照指导老师对文件名的要求进行重命名文档。

可自行参照电子文档“实训四 Word 2010 的应用\亚洲杯完成效果 1”完成本任务，或参照如图 4.10（a）、（b）、（c）所示双页显示完成效果，其详细操作步骤如下：

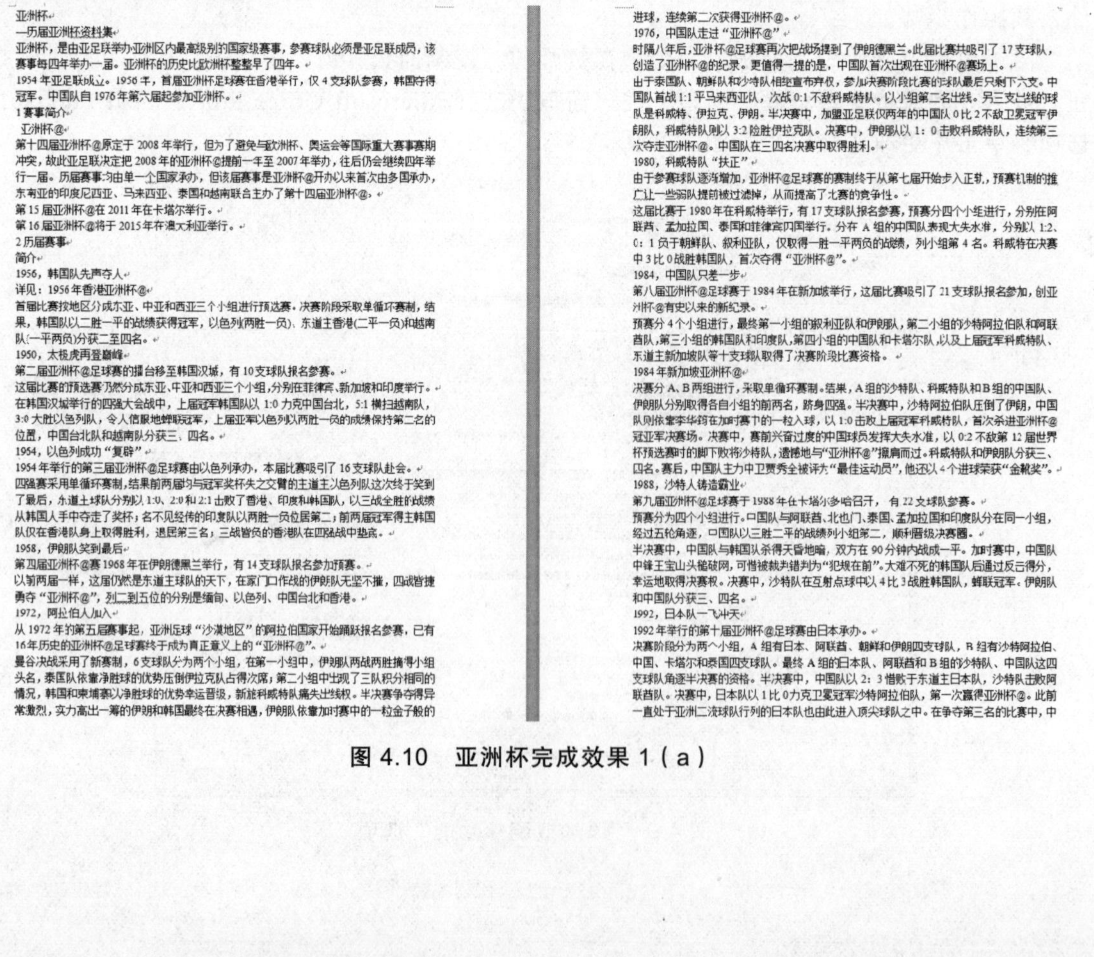

亚洲杯
一历届亚洲杯资料集
亚洲杯，是由亚足联举办亚洲区内最高级别的国家级赛事，参赛球队必须是亚足联成员，该赛事每四年举办一届。亚洲杯的历史比欧洲杯整整早了四年。
1954 年亚足联成立。1956 年，首届亚洲杯足球赛在香港举行，仅 4 支球队参赛，韩国夺得冠军。中国队自 1976 年第六届起参加亚洲杯。
1 赛事简介
亚洲杯@
第十四届亚洲杯@原定于 2008 年举行，但为了避免与欧洲杯、奥运会等国际重大赛事赛期冲突，故此亚足联决定把 2008 年的亚洲杯@提前一年至 2007 年举办，往后仍会继续四年举行一届。历届赛事均由单一个国家承办，但该届赛事是亚洲杯@开办以来首次由多国承办，东南亚的印度尼西亚、马来西亚、泰国和越南联合主办了第十四届亚洲杯@。
第 15 届亚洲杯@在 2011 年在卡塔尔举行。
第 16 届亚洲杯@将于 2015 年在澳大利亚举行。
2 历届赛事
简介
1956，韩国队先声夺人
详见：1956 年香港亚洲杯@
首届比赛按地区分成东亚、中亚和西亚三个小组进行预选赛。决赛阶段采取单循环赛制，结果，韩国队以二胜一平的战绩获得冠军，以色列(两胜一负)、东道主香港(二平一负)和越南队(一平两负)分获二至四名。
1950，太极虎再登巅峰
第二届亚洲杯@足球赛的擂台移至韩国汉城，有 10 支球队报名参赛。
这届比赛的预选赛仍然分成东亚、中亚和西亚三个小组，分别在菲律宾、新加坡和印度举行。
在韩国汉城举行的四强大会战中，上届冠军韩国队以 1:0 力克中国台北，5:1 横扫越南队，3:0 大胜以色列队，令人信服地蝉联冠军，上届亚军以色列以两胜一负的成绩保持第二名的位置，中国台北队和越南队分获三、四名。
1954，以色列成功“复辟”
1954 年举行的第三届亚洲杯@足球赛由以色列承办，本届比赛吸引了 16 支球队赴会。
四强赛采用单循环赛制，结果前两届均与冠军奖杯失之交臂的主道主以色列队这次终于笑到了最后，东道主球队分别以 1:0、2:0 和 2:1 击败了香港、印度和韩国队，以三战全胜的战绩从韩国人手中夺走了奖杯；名不见经传的印度队以两胜一负位居第二；前两届冠军得主韩国队仅在香港队身上取得胜利，退居第三名；三战皆负的香港队在四强战中垫底。
1958，伊朗队笑到最后
第四届亚洲杯@赛 1968 年在伊朗德黑兰举行，有 14 支球队报名参加预赛。
以前两届一样，这届仍然是东道主球队的天下，在家门口作战的伊朗队无坚不摧，四战皆捷勇夺“亚洲杯@”，列二到五位的分别是缅甸、以色列、中国台北和香港。
1972，阿拉伯人加入
从 1972 年的第五届赛事起，亚洲足球“沙漠地区”的阿拉伯国家开始踊跃报名参赛，已有 16 年历史的亚洲杯@足球赛终于成为真正意义上的“亚洲杯@”。
曼谷决战采用了新赛制，6 支球队分为两个小组，在第一小组中，伊朗队两战两胜摘得小组头名，泰国队依靠净胜球的优势压倒伊拉克队占得次席；第二小组中出现了三队积分相同的情况，韩国和柬埔寨以净胜球的优势幸运晋级，新旅科威特队痛失出线权。半决赛争夺得异常激烈，实力高出一筹的伊朗和韩国最终在决赛相遇，伊朗队依靠加时赛中的一粒金子般的进球，连续第二次获得亚洲杯@。
1976，中国队走过“亚洲杯@”
时隔八年后，亚洲杯@足球赛再次把战场搓到了伊朗德黑兰。此届比赛共吸引了 17 支球队，创造了亚洲杯@的纪录。更值得一提的是，中国队首次出现在亚洲杯@赛场上。
由于泰国队、朝鲜队和沙特队相继宣布弃权，参加决赛阶段比赛的球队最后只剩下六支。中国队首战 1:1 平马来西亚队，次战 0:1 不敌科威特队。以小组第二名出线。另三支出线的球队是科威特、伊拉克、伊朗。半决赛中，加盟亚足联仅两年的中国队 0 比 2 不敌卫冕冠军伊朗队，科威特队则以 3:2 险胜伊拉克队。决赛中，伊朗队以 1：0 击败科威特队，连续第三次夺走亚洲杯@。中国队在三四名决赛中取得胜利。
1980，科威特队“扶正”
由于参赛球队逐渐增加，亚洲杯@足球赛的赛制终于从第七届开始步入正轨，预赛机制的推广让一些弱队提前被过滤掉，从而提高了比赛的竞争性。
这届比赛于 1980 年在科威特举行，有 17 支球队报名参赛，预赛分四个小组进行，分别在阿联酋、孟加拉国、泰国和菲律宾四国举行。分在 A 组的中国队表现大失水准，分别以 1:2、0：1 负于朝鲜队、叙利亚队，仅取得一胜一平两负的战绩，列小组第 4 名。科威特在决赛中 3 比 0 战胜韩国队，首次夺得“亚洲杯@”。
1984，中国队只差一步
第八届亚洲杯@足球赛于 1984 年在新加坡举行，这届比赛吸引了 21 支球队报名参加，创亚洲杯@有史以来的新纪录。
预赛分 4 个小组进行，最终第一小组的叙利亚队和伊朗队，第二小组的沙特阿拉伯队和阿联酋队，第三小组的韩国队和印度队，第四小组的中国队和卡塔尔队，以及上届冠军科威特队、东道主新加坡队等十支球队取得了决赛阶段比赛资格。
1984 年新加坡亚洲杯@
决赛分 A、B 两组进行，采取单循环赛制。结果，A 组的沙特队、科威特队和 B 组的中国队、伊朗队分别取得各自小组的前两名，跻身四强。半决赛中，沙特阿拉伯队压倒了伊朗，中国队则依靠李华筠在加时赛中的一粒入球，以 1:0 击败上届冠军科威特队，首次杀进亚洲杯@冠亚军决赛场。决赛中，赛前兴奋过度的中国球员发挥大失水准，以 0:2 不敌第 12 届世界杯预选赛时的脚下败将沙特队，遗憾地与“亚洲杯@”擦肩而过。科威特队和伊朗队分获三、四名。赛后，中国队主力中卫贾秀全被评为“最佳运动员”，他还以 4 个进球荣获“金靴奖”。
1988，沙特人铸造霸业
第九届亚洲杯@足球赛于 1988 年在卡塔尔多哈召开，有 22 支球队参赛。
预赛分为四个小组进行。中国队与阿联酋、北也门、泰国、孟加拉国和印度队分在同一小组，经过五轮角逐，中国队以三胜二平的战绩列小组第二，顺利晋级决赛圈。
半决赛中，中国队与韩国队杀得天昏地暗，双方在 90 分钟内战成一平。加时赛中，中国队中锋王宝山头槌破网，可惜被裁判错判为“犯规在前”。大难不死的韩国队后通过反击得分，幸运地取得决赛权。决赛中，沙特队在互射点球中以 4 比 3 战胜韩国队，蝉联冠军。伊朗队和中国队分获三、四名。
1992，日本队一飞冲天
1992 年举行的第十届亚洲杯@足球赛由日本承办。
决赛阶段分为两个小组，A 组有日本、阿联酋、朝鲜和伊朗四支球队，B 组有沙特阿拉伯、中国、卡塔尔和泰国四支球队。最终 A 组的日本队、阿联酋和 B 组的沙特队、中国队这四支球队角逐半决赛的资格。半决赛中，中国队以 2：3 惜败于东道主日本队，沙特队击败阿联酋队。决赛中，日本队以 1 比 0 力克卫冕冠军沙特阿拉伯队，第一次赢得亚洲杯@。此前一直处于亚洲二流球队行列的日本队也由此进入顶尖球队之中。在争夺第三名的比赛中，中

图 4.10　亚洲杯完成效果 1（a）

国队通过点球大战战胜阿联酋队。
1996，“西风”压倒“东风”
由于参赛球队的增多和整体水平的提高，参加亚洲杯@足球赛决赛圈的球队从第十一届起扩为12支。这届比赛于1996年在阿联酋举行。
1996年阿联酋亚洲杯@
中国队在1/4决赛中与沙特队相遇，中国队开场不久即取得2:0的大优局面。沙特队后大举进攻，结果连入四球，以4:3反败为胜。日本队、韩国队分别负于科威特队、伊朗队，阿联酋队击败伊拉克队，这样本届比赛前四名由西亚球队所包揽。半决赛中，阿联酋队以1:0击败科威特队，沙特队在点球决战中以4:3击败伊朗队。沙特队在决赛中福星高照，通过互射点球以4：3压倒东道主阿联酋队。
2000，东亚三强收复失地
第十二届亚洲杯@足球赛于2000年在黎巴嫩举行，本届比赛吸引了42支球队参赛，亚洲杯@的影响力提升到一个前所未有的高度。
进入前八名的球队是A组的伊朗队、伊拉克队和B组的中国队、科威特、韩国队以及C组的日本队、沙特队和卡塔尔队。1/4决赛中，中国队3:1击溃卡塔尔队，杀进四强。韩国2:1击败伊朗队，日本队4:1大胜伊拉克队，沙特队3:2险胜科威队，这三支球队也取得了半决赛资格。在与日本队的半决赛中，中国队重演1992年的一幕，以2:3惜败。沙特队2:1击败韩国队。和1992年一样，日本队在决赛中依然以1:0气走上届冠军沙特队，第二次捧杯。在三、四决赛中，中国队0:1不敌韩国队，最终名列第四。
2004，中国首次担任“东道主”
详见：2004年中国亚洲杯@
第十三届亚洲杯@足球赛于2004年在中国举行，亚洲足球首次回到了它的发源地。
本次亚洲杯@赛决赛阶段的比赛首次“扩军”，参赛球队数量将从过去的12支扩大到16支。
这16支球队分成4个小组在中国的北京、成都、重庆、济南4个城市进行小组赛。
预选赛共分为两个阶段进行。亚足联根据国际足联的最新排名，除东道主中国和上届冠军日本队外的41支报名参赛球队被分到各个组别，先将41支队伍分成四档，关岛、孟加拉国等20支“弱队”，被先安排到7个小组首先进行第一阶段的预选赛，每个小组的第一名获得参加第二阶段的资格赛。
2004年中国亚洲杯@
韩国、伊朗、沙特、卡塔尔、伊拉克、乌兹别克斯坦、阿联酋7支强队，以种子队身份直接进入到第二阶段资格赛的7个小组中。然后再将泰国、巴林、也门、阿曼等第二档次的7支球队再抽到各组中。
最终，中国、日本、伊拉克、泰国、科威特、伊朗、韩国、印度尼西亚、约旦、沙特、卡塔尔、乌兹别克斯坦、阿曼、土库曼斯坦、阿联酋、巴林等16支球队获得参加第十三届亚洲杯@正赛的资格，其中土库曼斯坦队得益于扩军，首次参加亚洲杯@决赛阶段比赛。
中国队凭借东道主优势，在比赛中高歌猛进，一路杀入决赛，可惜最后遗憾的1:3不敌日本队，最后继1984年后再次屈居亚军。
日本队则首次蝉联冠军，也将冠军数增加到了3次，成为夺冠次数最多的球队之一。
2007，伊拉克重回亚洲巅峰
详见：2007年东南亚四国亚洲杯@（2007年亚洲杯@足球赛）
第十四届亚洲杯@足球赛2007年在印度尼西亚、马来西亚、泰国、越南举行，这是亚洲杯@首次由一个以上国家联合主办，继欧洲杯和世界杯后，亚洲杯@也随潮流进行了联合举办。
这届亚洲杯@也是澳大利亚在正式进入亚足联后，首次参加亚洲杯@足球赛，澳大利亚人将给亚洲足球带来新的东西。
此外，原本由1956年创办的亚洲杯@以每四年举行一届，但直到应该在2008年举办的第十四届亚洲杯@上，为了避免与欧洲国家杯及奥运会这两项国际重大体育赛事的赛期冲突，亚足联决定改变传统，将比赛提前一年至2007年举行，之后继续每四年举行一次赛事。
伊拉克首夺亚洲杯@
有了如此多的看点，这届亚洲杯@注定会成为不一样的一届赛事。
中国队在本届赛事中发挥极不理想，小组赛中，中国5:1马来西亚 中国2:2伊朗 中国0:3乌兹别克斯坦，最后位居小组第三，继1980年的第七届亚洲杯@后，中国队27年来首次小组未出线。
首次参加亚洲杯@的澳大利亚队在1/4决赛中与卫冕冠军日本队相遇，在90分钟1:1战平后，双方在加时赛中均无建树；最后日本队通过点球大战以5:4战胜对手，澳大利亚人首次亚洲杯@之旅饮恨而归。
伊拉克队在参加本届亚洲杯@前虽获得了2004雅典奥运会第四名和2006亚运会亚军，但仍不被广大业内人士和球迷看好，但他们却在小组赛中3-1战胜澳大利亚，半决赛点杀韩国，决赛1-0力擒阿拉伯兄弟沙特，首次捧得亚洲杯@冠军。这也是伊拉克队在1982年亚运会夺冠后又一次登上亚洲之巅。
2011，亚洲新霸主诞生
2011年亚洲杯@足球赛于1月7日至1月29日在卡塔尔举行。这是第15届亚洲杯@，也是卡塔尔第二次承办亚洲杯@足球赛，另外一次是1988年卡塔尔亚洲杯@。中国队在本届赛事中仍未能小组出线，小组赛中第一场中国队2:0胜科威特，第二场对阵卡塔尔，以0:2告负。最后一场2:2平乌兹别克，小组赛1胜1平1负积4分，位列小组第三，无缘八强。
2015，澳大利亚首次举办亚洲杯@
第16届亚洲杯@于2015年1月4日-26日在澳大利亚的悉尼、堪培拉、墨尔本和布里斯班、黄金海岸这五个城市城市举行
北京时间2011年1月5日，哈曼代表亚足联在多哈正式宣布，四年后的2015年亚洲杯@将在澳大利亚举行。这次申办2015年亚洲杯@，澳大利亚是惟一申办国，因此得以顺利得手。
3 赛事统计
获奖统计
【冠军次数】
4次 日本（1992、2000、2004、2011）
3次 伊朗（1968、1972、1976），沙特（1984、1988、1996）
2次 韩国（1956、1960）
1次 以色列（1964），科威特（1980），伊拉克（2007）
【亚军次数】
3次 韩国（1972、1980、1988），沙特（1992、2000、2007）
2次 以色列（1956、1960），中国（1984、2004）
1次 印度（1964），缅甸（1968），科威特（1976），阿联酋（1996），澳大利亚（2011）
【季军次数】
4次 伊朗（1980、1988、1996、2004），韩国（1964、2000、2007、2011）
2次 中国（1976、1992）
1次 中国香港（1956），中华台北（1960），以色列（1968），泰国（1972），科威特（1984）
【殿军次数】
2次 越南（1956、1960），中国（1988、2000）
1次 中国香港（1964），中华台北（1968），柬埔寨（1972），伊拉克（1976），朝鲜（1980），伊朗（1984），阿联酋（1992），科威特（1996），巴林（2004），日本（2007），乌兹别克斯

图 4.10　亚洲杯完成效果 1（b）

坦（2011）
4 中国队成绩
1956年－1972年 未参加
1976年 第三名（半决赛 中国0：2伊朗，季军赛 中国1：0伊拉克）
1980年 小组未出线（小组赛 中国2：2伊朗，中国1：2朝鲜，中国0：1叙利亚）
1984年 第二名（决赛 中国0：2沙特阿拉伯）
1988年 第四名（半决赛 中国1：2韩国，季军赛 中国0：3伊朗）
1992年 第三名（半决赛 中国2：3日本，季军赛 中国4：3阿联酋）
1996年 止步1/4决赛（1/4决赛 中国3：4沙特阿拉伯）
2000年 第四名（半决赛 中国2：3日本，季军赛 中国0：1韩国）
2004年 第二名（决赛 中国1：3日本）
2007年 小组第三未出线（小组赛 中国5：1马来西亚 中国2：2伊朗 中国0：3乌兹别克斯坦）
2011年 小组第三未出线（小组赛 中国2：0科威特 中国0： 2卡塔尔 中国2： 2乌兹别克斯坦）
2015年预选赛
中国作为第二档球队与伊拉克（种子队）、沙特、印尼被分在C组。
2015年亚洲杯@预选赛抽签揭晓
具体赛程
2013年2月6日 沙特VS中国 （ 沙特2:1中国[1]）
2013年3月22日 中国VS伊拉克（中国1:0伊拉克[2]）
2013年10月15日 印尼VS中国（中国1:1印尼[2]）
2013年11月15日 中国VS印尼（中国1:0印尼[2]）
2013年11月19日 中国VS沙特（ 中国0:0沙特）
2014年3月5日 伊拉克VS中国
国足客场1：1平印尼
2013年10月15日，亚洲杯@预选赛C组第三轮，中国队客场1：1被印尼队逼平，3战1胜1平1负暂列第二。2013年11月15日，中国将在西安迎战印尼。
5 申办杯赛
北京时间2013年8月7日，亚足联在官网宣布，将在9月10、11日召开一个为期两天的关于2019年亚洲杯@的申办研讨会，届时亚足联将向各个申办协会解释申办亚洲杯@的具体要求，同时也包括申办协会拥有的权利、申办角色和申办职责。
亚足联还在官网公布了有意申办的国家，在马来西亚、黎巴嫩和缅甸退出申办之后，有意申办的国家从11个缩减到了8个，剩下的8个国家分别为：巴林、中国、伊朗、科威特、阿曼、沙特、泰国和阿联酋。
这8个国家的足协也将被邀请参加于9月10日和11日举办的研讨会，同时亚足联还将2019年亚洲杯@申办文件的提交日期延期到8月31日，届时，各个申办协会需要与亚足联正式签署申办协议，同时提供由政府担保的协议和申办候选城市的文案。
参考资料
1. [亚洲杯@]澳大利亚获得2015年第16届亚洲杯@举办权 . 中国网络电视台 . 2011年01月06日 [引用日期2013-08-9] .
2. 亚预赛-吴曦破僵局 国足遭爆射扳平客场1-1平印尼 .新浪网 [引用日期2013-10-15] .
3. 国足客场1：1平印尼 . 网易新闻 . 2013-10-15 [引用日期2013-10-15] .
4. AFC确认中国申办2019年亚洲杯@ 将PK沙特等7国 . 腾讯 . 2013-08-07 [引用日期2013-08-7] .

图 4.10　亚洲杯完成效果 1（c）

（1）在文档开头输入标题“亚洲杯”，另起段落后输入副标题“ ——历届亚洲杯资料集”，并让正文另起段落。

执行【插入】→【Ω 符号】→【其他符号】，在“特殊字符”选项卡中选择“长划线”后单击“插入”，如图 4.11 所示。

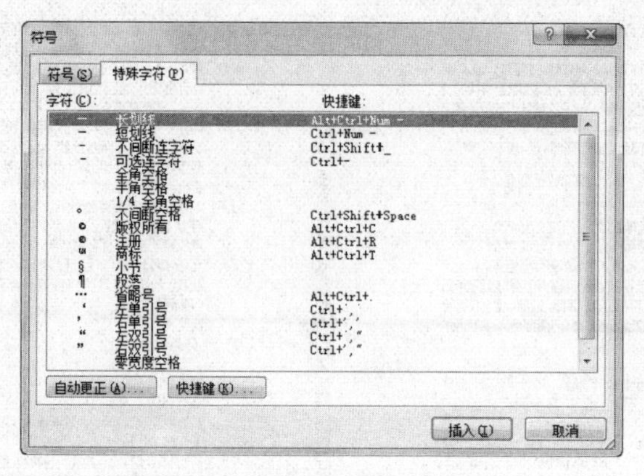


图 4.11　特殊字符

完成后如图 4.12 所示。

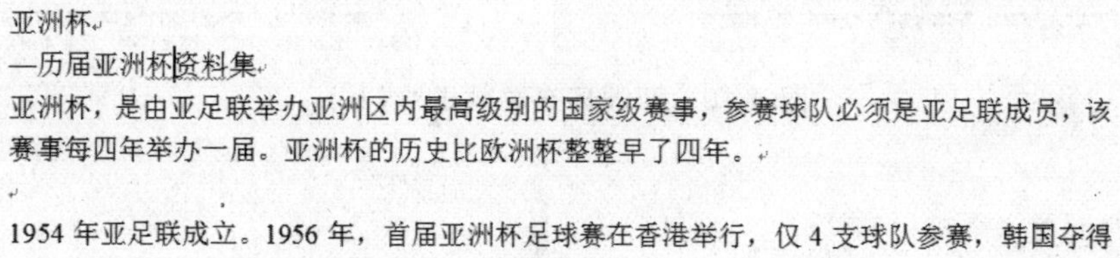

亚洲杯
—历届亚洲杯资料集
亚洲杯，是由亚足联举办亚洲区内最高级别的国家级赛事，参赛球队必须是亚足联成员，该赛事每四年举办一届。亚洲杯的历史比欧洲杯整整早了四年。

1954 年亚足联成立。1956 年，首届亚洲杯足球赛在香港举行，仅 4 支球队参赛，韩国夺得

图 4.12　输入标题和副标题

（2）移动鼠标至第 1 段位置，当鼠标形状为光标“ I ”时按住鼠标左键并拖动，复制第 1 段中的“亚洲杯”文字，粘贴于第 3 段“1 赛事简介”后，如图 4.13 所示。

（3）在第 5 段段落左侧空白区域，当鼠标形状为“ ↗ ”时单击鼠标左键，选中第 5 段文字将其移动至第 6 段文字后，如图 4.14 所示。

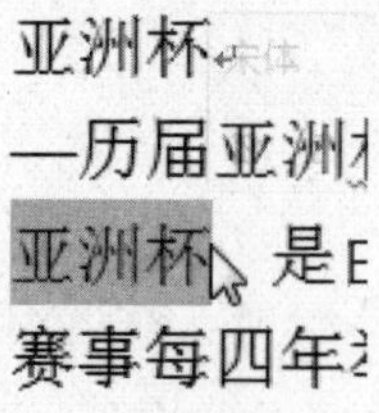

亚洲杯
—历届亚洲杯
亚洲杯，是
赛事每四年

图 4.13　复制文字

的印度尼西亚、马来西亚、泰国和越南联合主办

第 15 届亚洲杯在 2011 年在卡塔尔举行。
第 16 届亚洲杯将于 2015 年在澳大利亚举行。
2 历届赛事

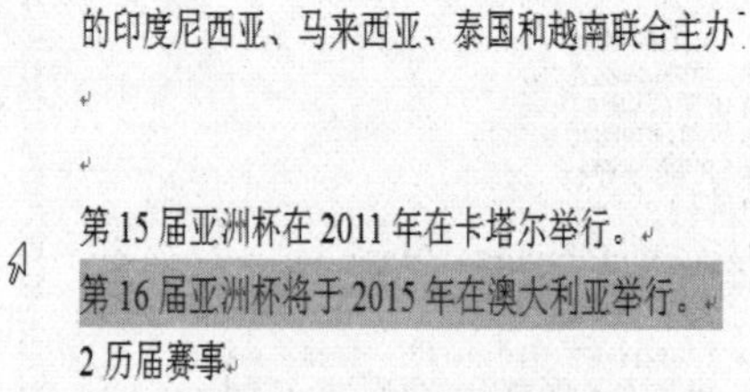

图 4.14　移动文字

（4）删除第 6 段中的文字“2015”。

（5）撤销第（2）步之操作。

（6）为第 2 段以后的所有“亚洲杯”文字后加上字符“@”。

执行【开始】→【 替换 】，打开“查找和替换”对话框，如图 4.15 和图 4.16 所示，选择“否”。

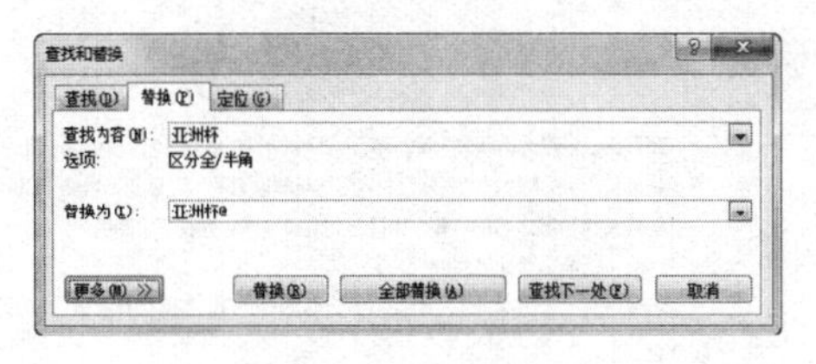


图 4.15 替换文字

图 4.16 替换确认对话框

（7）删除文中多余空行。

用同样的方法在“查找内容”框中，打开“更多”→“特殊格式”中的“段落标记”两次，其显示为“^p^p”，在“替换为”输入框中插入一个“段落标记”，其显示为“^p”然后按下“全部替换”按键，可删除单行的空行；对于多行空行，重复几次相同操作，即可删除全部空行，如图 4.17 所示。

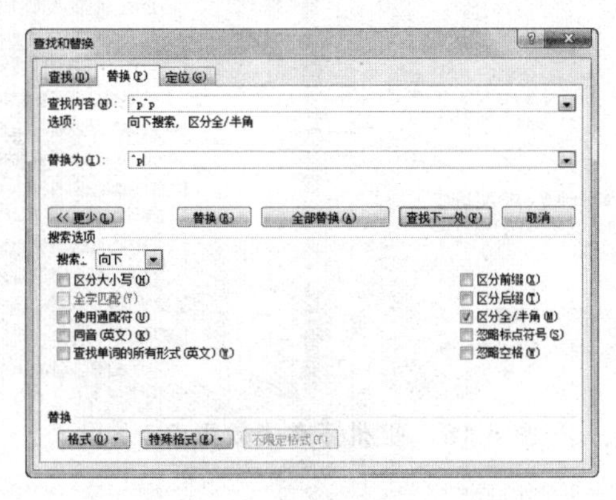


图 4.17 删除空行

（8）本任务完成后效果如电子文档“实训四 Word 2010 的应用\亚洲杯完成效果 1”或图 4.10（a）、（b）、（c）所示双页显示效果。

（9）将本文档编辑完成后，保存文档。按指导老师要求上传作业并上传至服务器中自己的存储空间或自行备份，以备下一任务继续使用。

### 课后实训

（1）运用理论课所学知识，在网上自行下载一篇不少于 3 000 字的文章，且要有插入图片、运用表格及长文档编辑等功能。

（2）实训要求：Word 内容基本操作、查找与替换，格式自行拟定。

（3）完成后另存文件名为“课后实训 1”，按指导老师要求上传作业并上传至服务器中自己的存储空间或自行备份，以备下一任务继续使用。

## 任务三 格式化文档

下载并打开上一任务作业，按照指导老师对文件名的要求进行重命名文档。可自行参照“实训四 Word 2010 的应用\亚洲杯完成效果 2”完成本任务，或参照如图 4.18（a）、（b）、（c）、 （d）、（e）所示双页显示完成效果，其详细操作步骤如下：

亚 洲 杯

—历届亚洲杯资料集

亚洲杯，是由亚足联举办亚洲区内最高级别的国家级赛事，参赛球队必须是亚足联成员，该赛事每四年举办一届。亚洲杯的历史比欧洲杯整整早了四年。

1954年亚足联成立。1956年，首届亚洲杯足球赛在香港举行，仅4支球队参赛，韩国夺得冠军。中国队自1976年第六届起参加亚洲杯。

1 赛事简介

亚洲杯

第十四届亚洲杯原定于2008年举行，但为了避免与欧洲杯、奥运会等国际重大赛事赛期冲突，故此亚足联决定把2008年的亚洲杯提前一年至2007年举办，往后仍会继续四年举行一届。历届赛事均由单一个国家承办，但该届赛事是亚洲杯开办以来首次由多国承办，东南亚的印度尼西亚、马来西亚、泰国和越南联合主办了第十四届亚洲杯。

第15届亚洲杯在2011年在卡塔尔举行。

第16届亚洲杯将于2015年在澳大利亚举行。

2 历届赛事

简介

1956，韩国队先声夺人

详见：1956年香港亚洲杯

首届比赛按地区分成东亚、中亚和西亚三个小组进行预选赛。决赛阶段采取单循环赛制，结果，韩国队以二胜一平的战绩获得冠军，以色列（两胜一负）、东道主香港（二平一负）和越南队（一平两负）分获二至四名。

1960，太极虎再登巅峰

第二届亚洲杯足球赛的擂台移至韩国汉城，有10支球队报名参赛。

这届比赛的预选赛仍然分成东亚、中亚和西亚三个小组，分别在菲律宾、新加坡和印度举行。

在韩国汉城举行的四强大会战中，上届冠军韩国队以1:0力克中国台北，5:1横扫越南队，3:0大胜以色列队，令人信服地蝉联冠军，上届亚军以色列以两胜一负的成绩保持第二名的位置，中国台北队和越南队分获三、四名。

1964，以色列成功“复辟”

1964年举行的第三届亚洲杯足球赛由以色列承办，本届比赛吸引了16支球队赴会。

四强赛采用单循环赛制，结果前两届均与冠军奖杯失之交臂的主道主以色列队这次终于笑到了最后，东道主球队分别以1:0、2:0和2:1击败了香港、印度和韩国队，以三战全胜的战绩从韩国人手中夺走了奖杯；名不见经传的印度队以两胜一负位居第二；前两届冠军得主韩国队仅在香港队身上取得胜利，退居第三名；三战皆负的香港队在四强战中垫底。

1968，伊朗队笑到最后

第四届亚洲杯赛1968年在伊朗德黑兰举行，有14支球队报名参加预赛。

以前两届一样，这届仍然是东道主球队的天下，在家门口作战的伊朗队无坚不摧，四战皆捷勇夺“亚洲杯”，列二到五位的分别是缅甸、以色列、中国台北和香港。

1972，阿拉伯人加入

从1972年的第五届赛事起，亚洲足球“沙漠地区”的阿拉伯国家开始踊跃报名参赛，已有16年历史的亚洲杯足球赛终于成为真正意义上的“亚洲杯”。

曼谷决战采用了新赛制，6支球队分为两个小组，在第一小组中，伊朗队两战两胜摘得小组头名，泰国队依靠净胜球的优势压倒伊拉克队占得次席；第二小组中出现了三队积分相同的情况，韩国和柬埔寨以净胜球的优势幸运晋级，新旅科威特队痛失出线权。半决赛争夺得异常激烈，实力高出一筹的伊朗和韩国最终在决赛相遇，伊朗队依靠加时赛中的一粒金子般的进球，连续第二次获得亚洲杯。

1976，中国队走进“亚洲杯”

时隔八年后，亚洲杯足球赛再次把战场摆到了伊朗德黑兰。此届比赛共吸引了17支球队，创造了亚洲杯的纪录。更值得一提的是，中国队首次出现在亚洲杯赛场上。

由于泰国队、朝鲜队和沙特队相继宣布弃权，参加决赛阶段比赛的球队最后

图 4.18　亚洲杯完成效果 2（a）

只剩下六支。中国队首战1:1平马来西亚队，次战0:1不敌科威特队。以小组第二名出线。另三支出线的球队是科威特、伊拉克、伊朗。半决赛中，加盟亚足联仅两年的中国队0比2不敌卫冕冠军伊朗队，科威特队则以3:2险胜伊拉克队。决赛中，伊朗队以1：0击败科威特队，连续第三次夺走亚洲杯。中国队在三四名决赛中取得胜利。

1980，科威特队“扶正”

由于参赛球队逐渐增加，亚洲杯足球赛的赛制终于从第七届开始步入正轨，预赛机制的推广让一些弱队提前被过滤掉，从而提高了比赛的竞争性。

这届比赛于1980年在科威特举行，有17支球队报名参赛，预赛分四个小组进行，分别在阿联酋、孟加拉国、泰国和菲律宾四国举行。分在A组的中国队表现大失水准，分别以1:2、0：1负于朝鲜队、叙利亚队，仅取得一胜一平两负的战绩，列小组第4名。科威特在决赛中3比0战胜韩国队，首次夺得“亚洲杯”。

1984，中国队只差一步

第八届亚洲杯足球赛于1984年在新加坡举行，这届比赛吸引了21支球队报名参加，创亚洲杯有史以来的新纪录。

预赛分4个小组进行，最终第一小组的叙利亚队和伊朗队，第二小组的沙特阿拉伯队和阿联酋队，第三小组的韩国队和印度队，第四小组的中国队和卡塔尔队，以及上届冠军科威特队、东道主新加坡队等十支球队取得了决赛阶段比赛资格。

1984年新加坡亚洲杯

决赛分A、B两组进行，采取单循环赛制。结果，A组的沙特队、科威特队和B组的中国队、伊朗队分别取得各自小组的前两名，跻身四强。半决赛中，沙特阿拉伯队压倒了伊朗，中国队则依靠李华筠在加时赛中的一粒入球，以1:0击败上届冠军科威特队，首次杀进亚洲杯冠亚军决赛场。决赛中，赛前兴奋过度的中国球员发挥大失水准，以0:2不敌第12届世界杯预选赛时的脚下败将沙特队，遗憾地与“亚洲杯”擦肩而过。科威特队和伊朗队分获三、四名。赛后，中国队主力中卫贾秀全被评为“最佳运动员”，他还以4个进球荣获“金靴奖”。

1988，沙特人铸造霸业

第九届亚洲杯足球赛于1988年在卡塔尔多哈召开，有22支球队参赛。

预赛分为四个小组进行。中国队与阿联酋、北也门、泰国、孟加拉国和印度队分在同一小组，经过五轮角逐，中国队以三胜二平的战绩列小组第二，顺利晋级决赛圈。

半决赛中，中国队与韩国队杀得天昏地暗，双方在90分钟内战成一平。加时赛中，中国队中锋王宝山头槌破网，可惜被裁判错判为“犯规在前”。大难不死的韩国队后通过反击得分，幸运地取得决赛权。决赛中，沙特队在互射点球中以4比3战胜韩国队，蝉联冠军。伊朗队和中国队分获三、四名。

1992，日本队一飞冲天

1992年举行的第十届亚洲杯足球赛由日本承办。

决赛阶段分为两个小组，A组有日本、阿联酋、朝鲜和伊朗四支球队，B组有沙特阿拉伯、中国、卡塔尔和泰国四支球队。最终A组的日本队、阿联酋和B组的沙特队、中国队这四支球队角逐半决赛的资格。半决赛中，中国队以2：3惜败于东道主日本队，沙特队击败阿联酋队。决赛中，日本队以1比0力克卫冕冠军沙特阿拉伯队，第一次赢得亚洲杯。此前一直处于亚洲二流球队行列的日本队也由此进入顶尖球队之中。在争夺第三名的比赛中，中国队通过点球大战战胜阿联酋队。

1996，“西风”压倒“东风”

由于参赛球队的增多和整体水平的提高，参加亚洲杯足球赛决赛圈的球队从第十一届起扩为12支。这届比赛于1996年在阿联酋举行。

1996年阿联酋亚洲杯

中国队在1/4决赛中与沙特队相遇，中国队开场不久即取得2:0的大优局面。沙特队后大举进攻，结果连入四球，以4:3反败为胜。日本队、韩国队分别负于科威特队、伊朗队，阿联酋队击败伊拉克队，这样本届比赛前四名由西亚球队所包揽。半决赛中，阿联酋队以1:0击败科威特队，沙特队在点球决战中以4:3击败伊朗队。沙特队在决赛中福星高照，通过互射点球以4：3压倒东道主阿联酋队。

2000，东亚三强收复失地

第十二届亚洲杯足球赛于2000年在黎巴嫩举行，本届比赛吸引了42支球队参赛，亚洲杯的影响力提升到一个前所未有的高度。

图 4.18　亚洲杯完成效果 2（b）

进入前八名的球队是A组的伊朗队、伊拉克队和B组的中国队、科威特、韩国队以及C组的日本队、沙特队和卡塔尔队。1/4决赛中，中国队3:1击溃卡塔尔队，杀进四强。韩国2:1击败伊朗队，日本队4:1大胜伊拉克队，沙特队3:2险胜科威队，这三支球队也取得了半决赛资格。在与日本队的半决赛中，中国队重演1992年的一幕，以2:3惜败。沙特队2:1击败韩国队。和1992年一样，日本队在决赛中依然以1:0气走上届冠军沙特队，第二次捧杯。在三、四决赛中，中国队0:1不敌韩国队，最终名列第四。

2004，中国首次担任“东道主”

详见：2004年中国亚洲杯

第十三届亚洲杯足球赛于2004年在中国举行，亚洲足球首次回到了它的发源地。

本次亚洲杯赛决赛阶段的比赛首次“扩军”，参赛球队数量将从过去的12支扩大到16支。这16支球队分成4个小组在中国的北京、成都、重庆、济南4个城市进行小组赛。

预选赛共分为两个阶段进行。亚足联根据国际足联的最新排名，除东道主中国和上届冠军日本队外的41支报名参赛球队被分到各个组别，先将41支队伍分成四档，关岛、孟加拉国等20支“弱队”，被先安排到7个小组首先进行第一阶段的预选赛，每个小组的第一名获得参加第二阶段的资格赛。

2004年中国亚洲杯

韩国、伊朗、沙特、卡塔尔、伊拉克、乌兹别克斯坦、阿联酋7支强队，以种子队身份直接进入到第二阶段资格赛的7个小组中。然后再将泰国、巴林、也门、阿曼等第二档次的7支球队再抽到各组中。

最终，中国、日本、伊拉克、泰国、科威特、伊朗、韩国、印度尼西亚、约旦、沙特、卡塔尔、乌兹别克斯坦、阿曼、土库曼斯坦、阿联酋、巴林等16支球队获得参加第十三届亚洲杯正赛的资格，其中土库曼斯坦队得益于扩军，首次参加亚洲杯决赛阶段比赛。

中国队凭借东道主优势，在比赛中高歌猛进，一路杀入决赛，可惜最后遗憾的1:3不敌日本队，最后继1984年后再次屈居亚军。

日本队则首次蝉联冠军，也将冠军数增加到了3次，成为夺冠次数最多的球队之一。

2007，伊拉克重回亚洲巅峰

详见：2007年东南亚四国亚洲杯（2007年亚洲杯足球赛）

第十四届亚洲杯足球赛2007年在印度尼西亚、马来西亚、泰国、越南举行，这是亚洲杯首次由一个以上国家联合主办，继欧洲杯和世界杯后，亚洲杯也随潮流进行了联合举办。

这届亚洲杯也是澳大利亚在正式进入亚足联后，首次参加亚洲杯足球赛，澳大利亚人将给亚洲足球带来新的东西。

此外，原本由1956年创办的亚洲杯以每四年举行一届，但直到应该在2008年举办的第十四届亚洲杯上，为了避免与欧洲国家杯及奥运会这两项国际重大体育赛事的赛期冲突，亚足联决定改变传统，将比赛提前一年至2007年举行，之后继续每四年举行一次赛事。

伊拉克首夺亚洲杯

有了如此多的看点，这届亚洲杯注定会成为不一样的一届赛事。

中国队在本届赛事中发挥极不理想，小组赛中，中国5:1马来西亚 中国2:2伊朗 中国0:3乌兹别克斯坦，最后位居小组第三，继1980年的第七届亚洲杯后，中国队27年来首次小组未出线。

首次参加亚洲杯的澳大利亚队在1/4决赛中与卫冕冠军日本队相遇，在90分钟1:1战平后，双方在加时赛中均无建树；最后日本队通过点球大战以5:4战胜对手，澳大利亚人首次亚洲杯之旅饮恨而归。

伊拉克队在参加本届亚洲杯前虽获得了2004雅典奥运会第四名和2006亚运会亚军，但仍不被广大业内人士和球迷看好，但他们却在小组赛中3-1战胜澳大利亚，半决赛点杀韩国，决赛1-0力擒阿拉伯兄弟沙特，首次捧得亚洲杯冠军。这也是伊拉克队在1982年亚运会夺冠后又一次登上亚洲之巅。

2011，亚洲新霸主诞生

2011年亚洲杯足球赛于1月7日至1月29日在卡塔尔举行。这是第15届亚洲杯，也是卡塔尔第二次承办亚洲杯足球赛，另外一次是1988年卡塔尔亚洲杯。中国队在本届赛事中仍未能小组出线，小组赛中第一场中国队2:0胜科威特，第二场对阵卡塔尔，以0:2告负。最后一场2:2平乌兹别克，小组赛1胜1平1

图4.18　亚洲杯完成效果2（c）

负积4分，位列小组第三，无缘八强。

2015，澳大利亚首次举办亚洲杯

第16届亚洲杯于2015年1月4日-26日在澳大利亚的悉尼、堪培拉、墨尔本和布里斯班、黄金海岸这五个城市城市举行

北京时间2011年1月5日，哈曼代表亚足联在多哈正式宣布，四年后的2015年亚洲杯将在澳大利亚举行。这次申办2015年亚洲杯，澳大利亚是惟一申办国，因此得以顺利得手。

3赛事统计

获奖统计

【冠军次数】

4次 日本（1992、2000、2004、2011）

3次 伊朗（1968、1972、1976），沙特（1984、1988、1996）

2次 韩国（1956、1960）

1次 以色列（1964），科威特（1980），伊拉克（2007）

【亚军次数】

3次 韩国（1972、1980、1988），沙特（1992、2000、2007）

2次 以色列（1956、1960），中国（1984、2004）

1次 印度（1964），缅甸（1968），科威特（1976），阿联酋（1996），澳大利亚（2011）

【季军次数】

4次 伊朗（1980、1988、1996、2004），韩国（1964、2000、2007、2011）

2次 中国（1976、1992）

1次 中国香港（1956），中华台北（1960），以色列（1968），泰国（1972），科威特（1984）

【殿军次数】

2次 越南（1956、1960），中国（1988、2000）

1次 中国香港（1964），中华台北（1968），柬埔寨（1972），伊拉克（1976），朝鲜（1980），伊朗（1984），阿联酋（1992），科威特（1996），巴林（2004），日本（2007），乌兹别克斯坦（2011）

4中国队成绩

1956年－1972年 未参加

1976年 第三名（半决赛 中国0：2伊朗，季军赛 中国1：0伊拉克）

1980年 小组未出线（小组赛 中国2：2伊朗，中国1：2朝鲜，中国0：1叙利亚）

1984年 第二名（决赛 中国0：2沙特阿拉伯）

1988年 第四名（半决赛 中国1：2韩国，季军赛 中国0：3伊朗）

1992年 第三名（半决赛 中国2：3日本，季军赛 中国4：3阿联酋）

1996年 止步1/4决赛（1/4决赛 中国3：4沙特阿拉伯）

2000年 第四名（半决赛 中国2：3日本，季军赛 中国0：1韩国）

2004年 第二名（决赛 中国1：3日本）

2007年 小组第三未出线（小组赛 中国5：1马来西亚 中国2：2伊朗 中国0：3乌兹别克斯坦）

2011年 小组第三未出线（小组赛 中国2：0科威特 中国0：2卡塔尔 中国2：2乌兹别克斯坦）

2015年预选赛

中国作为第二档球队与伊拉克（种子队）、沙特、印尼被分在C组。

2015年亚洲杯预选赛抽签揭晓

具体赛程

- ✧ 2013年2月6日 沙特VS中国（沙特2:1中国[1]）
- ✧ 2013年3月22日 中国VS伊拉克（中国1:0伊拉克[2]）
- ✧ 2013年10月15日 印尼VS中国（中国1:1印尼[2]）
- ✧ 2013年11月15日 中国VS印尼（中国1:0印尼[2]）
- ✧ 2013年11月19日 中国VS沙特（中国0:0沙特）
- ✧ 2014年3月5日 伊拉克VS中国

国足客场1：1平印尼

2013年10月15日，亚洲杯预选赛C组第三轮，中国队客场1：1被印尼队逼平，3战1胜1平1负暂列第二。2013年11月15日，中国将在西安迎战印尼。

5申办杯赛

图4.18　亚洲杯完成效果2（d）

北京时间2013年8月7日，亚足联在官网宣布，将在9月10、11日召开一个为期两天的关于2019年亚洲杯的申办研讨会，届时亚足联将向各个申办协会解释申办亚洲杯的具体要求，同时也包括申办协会拥有的权利、申办角色和申办职责。

亚足联还在官网公布了有意申办的国家，在马来西亚、黎巴嫩和缅甸退出申办之后，有意申办的国家从11个缩减到了8个，剩下的8个国家分别为：巴林、中国、伊朗、科威特、阿曼、沙特、泰国和阿联酋。

这8个国家的足协也将被邀请参加于9月10日和11日举办的研讨会，同时亚足联还将2019年亚洲杯申办文件的提交日期延期到8月31日，届时，各个申办协会需要与亚足联正式签署申办协议，同时提供由政府担保的协议和申办候选城市的文案。

参考资料

1. [亚洲杯]澳大利亚获得2015年第16届亚洲杯举办权 . 中国网络电视台 . 2011年01月06日 [引用日期2013-08-9] .

2. 亚预赛-吴曦破僵局 国足遭爆射扳平客场1-1平印尼 . 新浪网 [引用日期2013-10-15] .

3. 国足客场1:1平印尼 .网易新闻 .2013-10-15 [引用日期2013-10-15] .

4. AFC确认中国申办2019年亚洲杯 将PK沙特等7国 .腾讯 .2013-08-07 [引用日期2013-08-7] .

**图 4.18 亚洲杯完成效果 2 (e)**

（1）将全文“字体”设置为宋体，“字号”设置为小四。

（2）设置标题“字形”为加粗，“字号”为一号，“字体颜色”为红色，“字符间距”为“加宽”5磅，如图4.19所示。

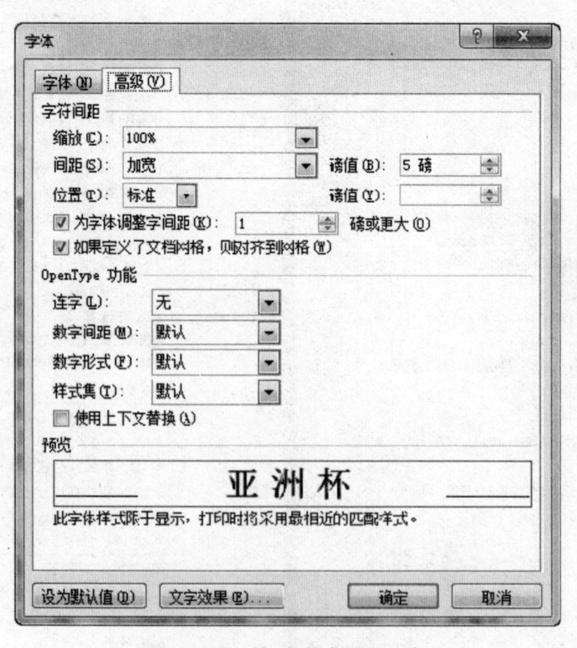


**图 4.19 格式化标题文字**

（3）设置副标题“字形”为加粗倾斜，“字号”为三号，“字符间距”为“加宽”2磅，“文字效果”设置“右下斜偏移”阴影，如图 4.20 所示，完成后如图 4.21 所示。

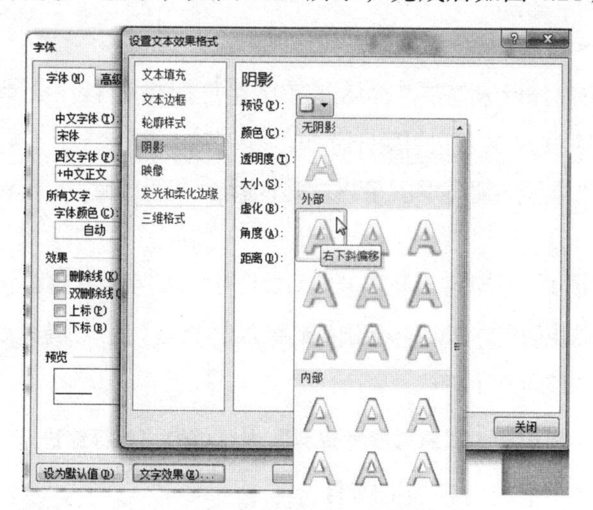


图 4.20　格式化副标题文字

亚 洲 杯

*—历届亚洲杯资料集*

图 4.21　完成后标题和副标题

（4）将除标题外的正文段落：“对齐方式”为“左对齐”，“缩进”为“首行缩进 2 字符”，行距为“1.5 倍行距”，如图 4.22 所示。

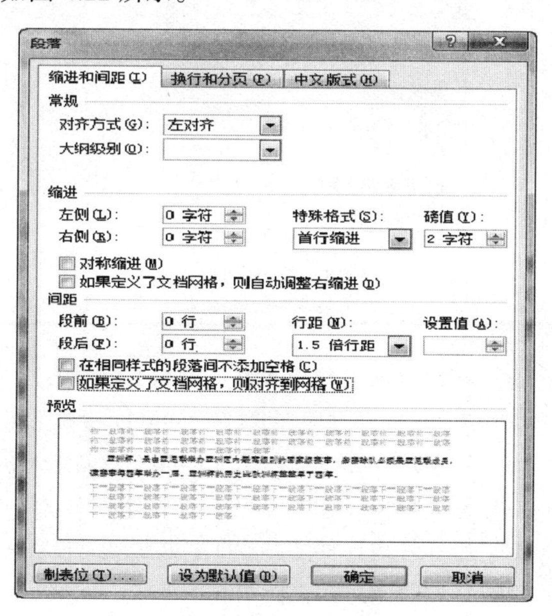


图 4.22　设置正文段落格式

（5）设置标题段落格式。“对齐方式”为“居中对齐”，行距为“1.5 倍行距”。

（6）设置副标题段落格式。“对齐方式”为“居中对齐”，“缩进”为“首行缩进 10 字符”，“间距”为段前 0.5 行、段后 1 行，“行距”为“1.5 倍行距”。

（7）取消文档末尾“参考资料”内容中的“首行缩进”，如图 4.23 所示。

参考资料

1. [亚洲杯®]澳大利亚获得 2015 年第 16 届亚洲杯®举办权 . 中国网络电视台 . 2011 年 01 月 06 日 [引用日期 2013-08-9] .

2. 亚预赛-吴曦破僵局 国足遭爆射扳平客场 1-1 平印尼 . 新浪网 [引用日期 2013-10-15] .

3. 国足客场 1:1 平印尼 .网易新闻 .2013-10-15 [引用日期 2013-10-15] .

4. AFC 确认中国申办 2019 年亚洲杯® 将 PK 沙特等 7 国 .腾讯 .2013-08-07 [引用日期 2013-08-7] .

**图 4.23 取消“参考资料”内容中的“首行缩进”**

（8）将“具体赛程”中的内容加上项目符号。

同时选中需要添加项目符号的几行文本后，单击【开始】→【☰ ▾】，如图 4.24 所示，完成后如图 4.25 所示。

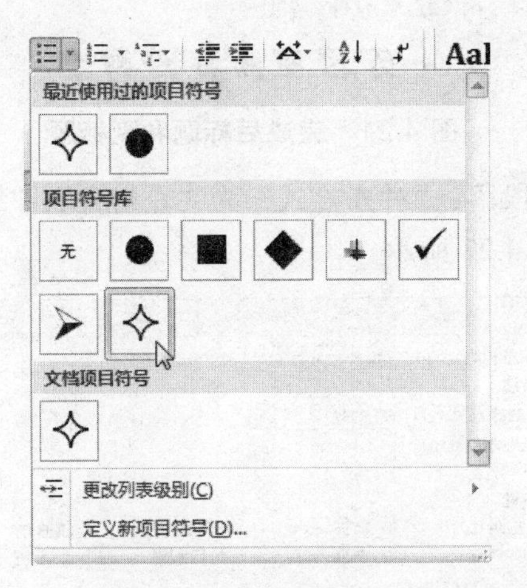


**图 4.24 添加项目符号**

具体赛程

- ✧ 2013 年 2 月 6 日 沙特 VS 中国 （ 沙特 2:1 中国[1]）
- ✧ 2013 年 3 月 22 日 中国 VS 伊拉克（中国 1:0 伊拉克[2]）
- ✧ 2013 年 10 月 15 日 印尼 VS 中国（中国 1:1 印尼[2]）
- ✧ 2013 年 11 月 15 日 中国 VS 印尼（中国 1:0 印尼[2]）
- ✧ 2013 年 11 月 19 日 中国 VS 沙特（ 中国 0:0 沙特）
- ✧ 2014 年 3 月 5 日 伊拉克 VS 中国

**图 4.25 添加项目符号后效果**

（9）将“具体赛程”中的内容加上段落边框和底纹。

单击【开始】→【 ▾】→【 页面边框 】，在“边框”选项卡中，设置阴影、蓝色、宽度为“0.5

磅”，应用于“段落”，如图 4.26 所示。

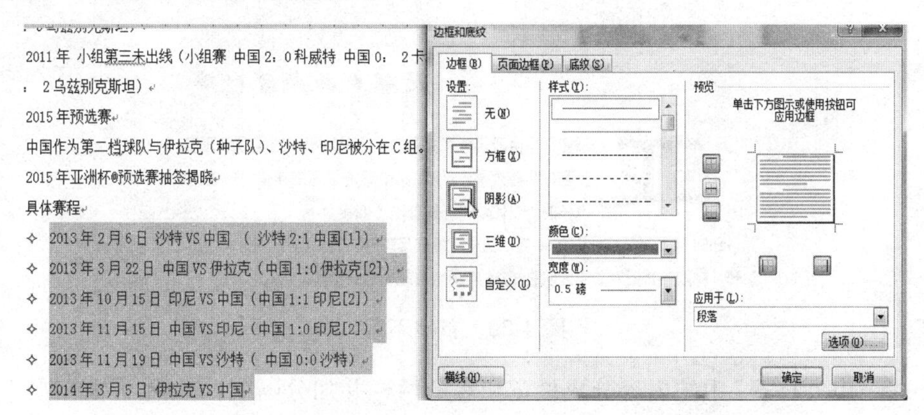


图 4.26　添加段落边框

在“底纹”选项卡中设置填充颜色为“水绿色”，完成后如图 4.27 所示。

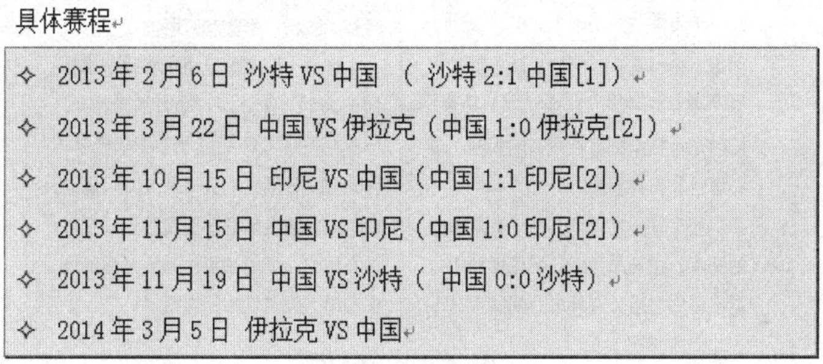

具体赛程

- 2013 年 2 月 6 日 沙特 VS 中国 （ 沙特 2:1 中国[1]）
- 2013 年 3 月 22 日 中国 VS 伊拉克（中国 1:0 伊拉克[2]）
- 2013 年 10 月 15 日 印尼 VS 中国（中国 1:1 印尼[2]）
- 2013 年 11 月 15 日 中国 VS 印尼（中国 1:0 印尼[2]）
- 2013 年 11 月 19 日 中国 VS 沙特（ 中国 0:0 沙特）
- 2014 年 3 月 5 日 伊拉克 VS 中国

图 4.27　添加段落边框和底纹后效果

（10）将文中“亚洲杯@”替换为加上着重号、红色的“亚洲杯”，如图 4.28 所示。

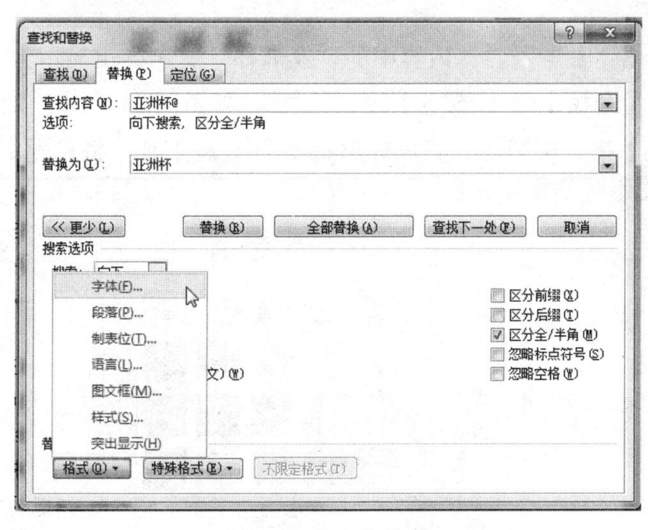


图 4.28　文本替换

（11）将正文第一个“亚”字首字下沉 2 行、隶书。单击【插入】→【首字下沉】→【首字下沉选项】，完成后如图 4.29 所示。

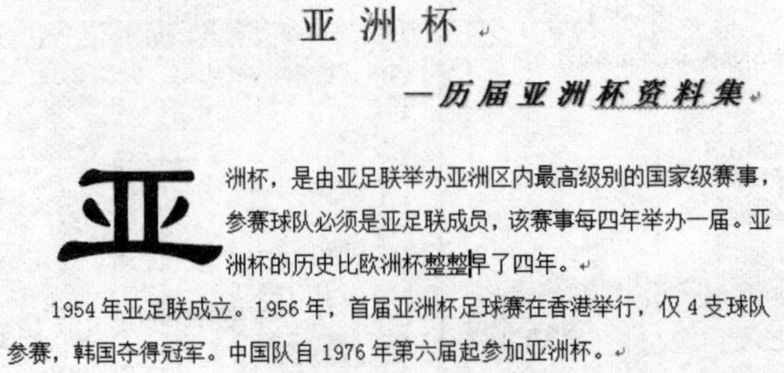

亚 洲 杯

一历届亚洲杯资料集

亚洲杯，是由亚足联举办亚洲区内最高级别的国家级赛事，参赛球队必须是亚足联成员，该赛事每四年举办一届。亚洲杯的历史比欧洲杯整整早了四年。

1954 年亚足联成立。1956 年，首届亚洲杯足球赛在香港举行，仅 4 支球队参赛，韩国夺得冠军。中国队自 1976 年第六届起参加亚洲杯。

图 4.29 首字下沉

（12）将“申办杯赛”中的内容分成栏宽相等的两栏并加分隔线，单面【页面布局】→【分栏】分栏→【更多分栏】，完成后如图 4.30 所示。

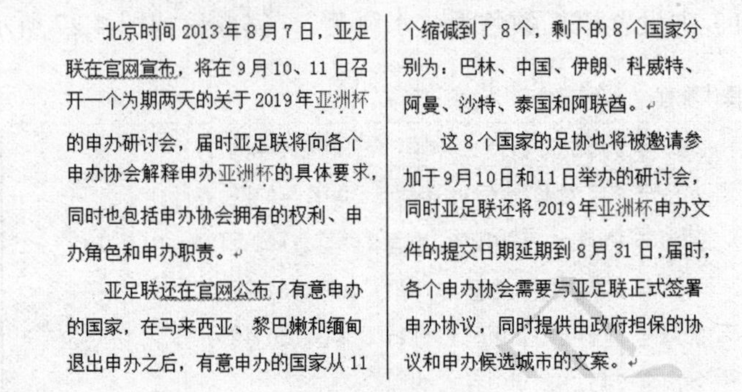

北京时间 2013 年 8 月 7 日，亚足联在官网宣布，将在 9 月 10、11 日召开一个为期两天的关于 2019 年亚洲杯的申办研讨会，届时亚足联将向各个申办协会解释申办亚洲杯的具体要求，同时也包括申办协会拥有的权利、申办角色和申办职责。

亚足联还在官网公布了有意申办的国家，在马来西亚、黎巴嫩和缅甸退出申办之后，有意申办的国家从 11 个缩减到了 8 个，剩下的 8 个国家分别为：巴林、中国、伊朗、科威特、阿曼、沙特、泰国和阿联酋。

这 8 个国家的足协也将被邀请参加于9月10日和11日举办的研讨会，同时亚足联还将 2019 年亚洲杯申办文件的提交日期延期到 8 月 31 日，届时，各个申办协会需要与亚足联正式签署申办协议，同时提供由政府担保的协议和申办候选城市的文案。

图 4.30 分栏

（13）加上“请勿拷贝”、“宋体”字样水印。单击【页面布局】→【水印】→【自定义水印】。

（14）将文档末尾“参考资料”内容中的“亚洲杯”文字突出显示为“黄色”。先将第 1 个“亚洲杯”，选择【开始】→【ab】→“黄色”，如图 4.31 所示。再选中该文本后双击【开始】→【格式刷】格式刷图标，当鼠标形状变为【】时，将鼠标定位到后面需要应用格式的“亚洲杯”文本处拖动格式刷。

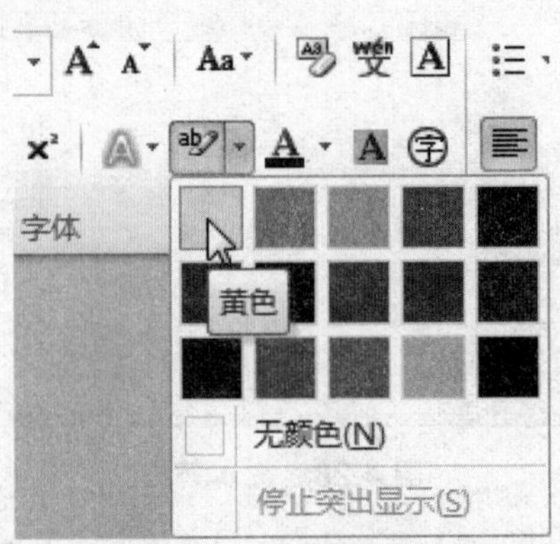


图 4.31 突出显示

（15）本任务完成后效果如电子文档“实训四 Word 2010 的应用\亚洲杯完成效果 2”或图 4.18（a）、（b）、（c）、（d）、（e）所示双页显示效果。

（16）将本文档编辑完成后，保存文档、按要求上传作业并上传至服务器中自己的存储空间或自行备份，以备下一任务继续使用。

## 课后实训

（1）下载上次课后实训内容，另存文件名为“课后实训 2”。

（2）实训要求：格式化文本、段落、分栏，设置边框和底纹，插入项目符号和编号，使用图片水印，格式自行拟定。

（3）完成后按指导老师要求上传作业并上传至服务器中自己的存储空间或自行备份，以备下一任务继续使用。

# 任务四　图文混排

下载并打开上一任务作业，按照指导老师对文件名的要求进行重命名文档。可自行参照“实训四 Word 2010 的应用\亚洲杯完成效果 2”完成本任务，或参照如图 4.32（a）、（b）、（c）、（d）、（e）所示双页显示完成效果，其详细操作步骤如下：

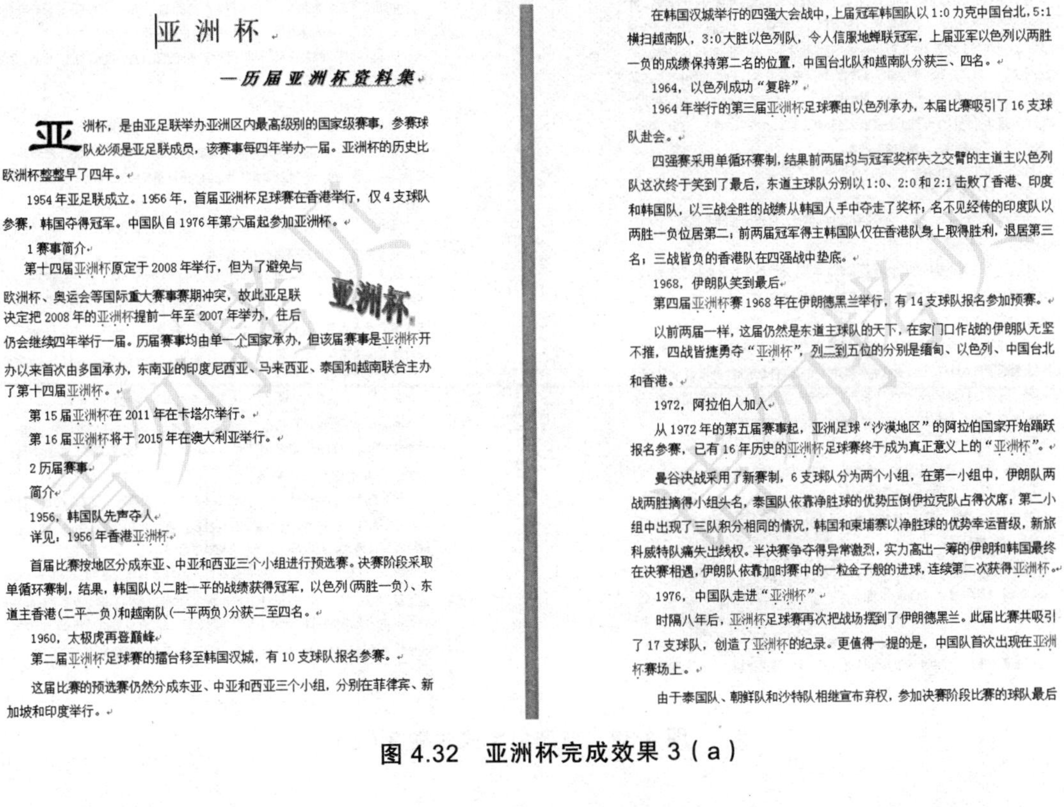

亚 洲 杯

—历届亚洲杯资料集

亚洲杯，是由亚足联举办亚洲区内最高级别的国家级赛事，参赛球队必须是亚足联成员，该赛事每四年举办一届。亚洲杯的历史比欧洲杯整整早了四年。

1954 年亚足联成立。1956 年，首届亚洲杯足球赛在香港举行，仅 4 支球队参赛，韩国夺得冠军。中国队自 1976 年第六届起参加亚洲杯。

1 赛事简介

亚洲杯

第十四届亚洲杯原定于 2008 年举行，但为了避免与欧洲杯、奥运会等国际重大赛事赛期冲突，故此亚足联决定把 2008 年的亚洲杯提前一年至 2007 年举办，往后仍会继续四年举行一届。历届赛事均由单一个国家承办，但该届赛事是亚洲杯开办以来首次由多国承办，东南亚的印度尼西亚、马来西亚、泰国和越南联合主办了第十四届亚洲杯。

第 15 届亚洲杯在 2011 年在卡塔尔举行。

第 16 届亚洲杯将于 2015 年在澳大利亚举行。

2 历届赛事

简介

1956，韩国队先声夺人

详见：1956 年香港亚洲杯

首届比赛按地区分成东亚、中亚和西亚三个小组进行预选赛。决赛阶段采取单循环赛制，结果，韩国队以二胜一平的战绩获得冠军，以色列（两胜一负）、东道主香港（二平一负）和越南队（一平两负）分获二至四名。

1960，太极虎再登巅峰

第二届亚洲杯足球赛的擂台移至韩国汉城，有 10 支球队报名参赛。

这届比赛的预选赛仍然分成东亚、中亚和西亚三个小组，分别在菲律宾、新加坡和印度举行。

在韩国汉城举行的四强大会战中，上届冠军韩国队以 1:0 力克中国台北，5:1 横扫越南队，3:0 大胜以色列队，令人信服地蝉联冠军，上届亚军以色列以两胜一负的成绩保持第二名的位置，中国台北队和越南队分获三、四名。

1964，以色列成功“复辟”

1964 年举行的第三届亚洲杯足球赛由以色列承办，本届比赛吸引了 16 支球队赴会。

四强赛采用单循环赛制，结果前两届均与冠军奖杯失之交臂的主道主以色列队这次终于笑到了最后，东道主球队分别以 1:0、2:0 和 2:1 击败了香港、印度和韩国队，以三战全胜的战绩从韩国人手中夺走了奖杯；名不见经传的印度队以两胜一负位居第二；前两届冠军得主韩国队仅在香港队身上取得胜利，退居第三名；三战皆负的香港队在四强战中垫底。

1968，伊朗队笑到最后

第四届亚洲杯赛 1968 年在伊朗德黑兰举行，有 14 支球队报名参加预赛。

以前两届一样，这届仍然是东道主球队的天下，在家门口作战的伊朗队无坚不摧，四战皆捷勇夺“亚洲杯”，列二到五位的分别是缅甸、以色列、中国台北和香港。

1972，阿拉伯人加入

从 1972 年的第五届赛事起，亚洲足球“沙漠地区”的阿拉伯国家开始踊跃报名参赛，已有 16 年历史的亚洲杯足球赛终于成为真正意义上的“亚洲杯”。

曼谷决战采用了新赛制，6 支球队分为两个小组，在第一小组中，伊朗队两战两胜摘得小组头名，泰国队依靠净胜球的优势压倒伊拉克队占得次席；第二小组中出现了三队积分相同的情况，韩国和柬埔寨以净胜球的优势幸运晋级，新旅科威特队痛失出线权。半决赛争夺得异常激烈，实力高出一筹的伊朗和韩国最终在决赛相遇，伊朗队依靠加时赛中的一粒金子般的进球，连续第二次获得亚洲杯。

1976，中国队走进“亚洲杯”

时隔八年后，亚洲杯足球赛再次把战场摆到了伊朗德黑兰。此届比赛共吸引了 17 支球队，创造了亚洲杯的纪录。更值得一提的是，中国队首次出现在亚洲杯赛场上。

由于泰国队、朝鲜队和沙特队相继宣布弃权，参加决赛阶段比赛的球队最后

图 4.32　亚洲杯完成效果 3（a）

只剩下六支。中国队首战1:1平马来西亚队，次战0:1不敌科威特队。以小组第二名出线。另三支出线的球队是科威特、伊拉克、伊朗。半决赛中，加盟亚足联仅两年的中国队0比2不敌卫冕冠军伊朗队，科威特队则以3:2险胜伊拉克队。决赛中，伊朗队以1：0击败科威特队，连续第三次夺走亚洲杯。中国队在三四名决赛中取得胜利。

1980，科威特队“扶正”

由于参赛球队逐渐增加，亚洲杯足球赛的赛制终于从第七届开始步入正轨，预赛机制的推广让一些弱队提前被过滤掉，从而提高了比赛的竞争性。

这届比赛于1980年在科威特举行，有17支球队报名参赛，预赛分四个小组进行，分别在阿联酋、孟加拉国、泰国和菲律宾四国举行。分在A组的中国队表现大失水准，分别以1:2、0：1负于朝鲜队、叙利亚队，仅取得一胜一平两负的战绩，列小组第4名。科威特在决赛中3比0战胜韩国队，首次夺得“亚洲杯”。

1984，中国队只差一步

第八届亚洲杯足球赛于1984年在新加坡举行，这届比赛吸引了21支球队报名参加，创亚洲杯有史以来的新纪录。

预赛分4个小组进行，最终第一小组的叙利亚队和伊朗队，第二小组的沙特阿拉伯队和阿联酋队，第三小组的韩国队和印度队，第四小组的中国队和卡塔尔队，以及上届冠军科威特队、东道主新加坡队等十支球队取得了决赛阶段比赛资格。

1984年新加坡亚洲杯

决赛分A、B两组进行，采取单循环赛制。结果，A组的沙特队、科威特队和B组的中国队、伊朗队分别取得各自小组的前两名，跻身四强。半决赛中，沙特阿拉伯队压倒了伊朗，中国队则依靠李华筠在加时赛中的一粒入球，以1:0击败上届冠军科威特队，首次杀进亚洲杯冠亚军决赛场。决赛中，赛前兴奋过度的中国球员发挥大失水准，以0:2不敌第12届世界杯预选赛时的脚下败将沙特队，遗憾地与“亚洲杯”擦肩而过。科威特队和伊朗队分获三、四名。赛后，中国队主力中卫贾秀全被评为“最佳运动员”，他还以4个进球荣获“金靴奖”。

1988，沙特人铸造霸业

第九届亚洲杯足球赛于1988年在卡塔尔多哈召开，有22支球队参赛。

预赛分为四个小组进行。中国队与阿联酋、北也门、泰国、孟加拉国和印度队分在同一小组，经过五轮角逐，中国队以三胜二平的战绩列小组第二，顺利晋级决赛圈。

半决赛中，中国队与韩国队杀得天昏地暗，双方在90分钟内战成一平。加时赛中，中国队中锋王宝山头槌破网，可惜被裁判错判为“犯规在前”。大难不死的韩国队后通过反击得分，幸运地取得决赛权。决赛中，沙特队在互射点球中以4比3战胜韩国队，蝉联冠军。伊朗队和中国队分获三、四名。

1992，日本队一飞冲天

1992年举行的第十届亚洲杯足球赛由日本承办。

决赛阶段分为两个小组，A组有日本、阿联酋、朝鲜和伊朗四支球队，B组有沙特阿拉伯、中国、卡塔尔和泰国四支球队。最终A组的日本队、阿联酋和B组的沙特队、中国队这四支球队角逐半决赛的资格。半决赛中，中国队以2：3惜败于东道主日本队，沙特队击败阿联酋队。决赛中，日本队以1比0力克卫冕冠军沙特阿拉伯队，第一次赢得亚洲杯。此前一直处于亚洲二流球队行列的日本队也由此进入顶尖球队之中。在争夺第三名的比赛中，中国队通过点球大战战胜阿联酋队。

1996，“西风”压倒“东风”

由于参赛球队的增多和整体水平的提高，参加亚洲杯足球赛决赛圈的球队从第十一届起扩为12支。这届比赛于1996年在阿联酋举行。

1996年阿联酋亚洲杯

中国队在1/4决赛中与沙特队相遇，中国队开场不久即取得2:0的大优局面。沙特队后大举进攻，结果连入四球，以4:3反败为胜。日本队、韩国队分别负于科威特队、伊朗队，阿联酋队击败伊拉克队，这样本届比赛前四名由西亚球队所包揽。半决赛中，阿联酋队以1:0击败科威特队，沙特队在点球决战中以4:3击败伊朗队。沙特队在决赛中福星高照，通过互射点球以4：3压倒东道主阿联酋队。

2000，东亚三强收复失地

第十二届亚洲杯足球赛于2000年在黎巴嫩举行，本届比赛吸引了42支球队参赛，亚洲杯的影响力提升到一个前所未有的高度。

图 4.32 亚洲杯完成效果 3（b）

进入前八名的球队是A组的伊朗队、伊拉克队和B组的中国队、科威特、韩国队以及C组的日本队、沙特队和卡塔尔队。1/4决赛中，中国队3:1击溃卡塔尔队，杀进四强。韩国2:1击败伊朗队，日本队4:1大胜伊拉克队，沙特队3:2险胜科威队，这三支球队也取得了半决赛资格。在与日本队的半决赛中，中国队重演1992年的一幕，以2:3惜败。沙特队2:1击败韩国队。和1992年一样，日本队在决赛中依然以1:0气走上届冠军沙特队，第二次捧杯。在三、四决赛中，中国队0:1不敌韩国队，最终名列第四。

2004，中国首次担任“东道主”

详见：2004年中国亚洲杯

第十三届亚洲杯足球赛于2004年在中国举行，亚洲足球首次回到了它的发源地。

本次亚洲杯赛决赛阶段的比赛首次“扩军”，参赛球队数量将从过去的12支扩大到16支。这16支球队分成4个小组在中国的北京、成都、重庆、济南4个城市进行小组赛。

预选赛共分为两个阶段进行。亚足联根据国际足联的最新排名，除东道主中国和上届冠军日本队外的41支报名参赛球队被分到各个组别，先将41支队伍分成四档，关岛、孟加拉国等20支“弱队”，被先安排到7个小组首先进行第一阶段的预选赛，每个小组的第一名获得参加第二阶段的资格赛。

2004年中国亚洲杯

韩国、伊朗、沙特、卡塔尔、伊拉克、乌兹别克斯坦、阿联酋7支强队，以种子队身份直接进入到第二阶段资格赛的7个小组中。然后再将泰国、巴林、也门、阿曼等第二档次的7支球队再抽到各组中。

最终，中国、日本、伊拉克、泰国、科威特、伊朗、韩国、印度尼西亚、约旦、沙特、卡塔尔、乌兹别克斯坦、阿曼、土库曼斯坦、阿联酋、巴林等16支球队获得参加第十三届亚洲杯正赛的资格，其中土库曼斯坦队得益于扩军，首次参加亚洲杯决赛阶段比赛。

中国队凭借东道主优势，在比赛中高歌猛进，一路杀入决赛，可惜最后遗憾的1:3不敌日本队，最后继1984年后再次屈居亚军。

日本队则首次蝉联冠军，也将冠军数增加到了3次，成为夺冠次数最多的球队之一。

2007，伊拉克重回亚洲巅峰

详见：2007年东南亚四国亚洲杯（2007年亚洲杯足球赛）

第十四届亚洲杯足球赛2007年在印度尼西亚、马来西亚、泰国、越南举行，这是亚洲杯首次由一个以上国家联合主办，继欧洲杯和世界杯后，亚洲杯也随潮流进行了联合举办。

这届亚洲杯也是澳大利亚在正式进入亚足联后，首次参加亚洲杯足球赛，澳大利亚人将给亚洲足球带来新的东西。

此外，原本由1956年创办的亚洲杯以每四年举行一届，但直到应该在2008年举办的第十四届亚洲杯上，为了避免与欧洲国家杯及奥运会这两项国际重大体育赛事的赛期冲突，亚足联决定改变传统，将比赛提前一年至2007年举行，之后继续每四年举行一次赛事。

伊拉克首夺亚洲杯

有了如此多的看点，这届亚洲杯注定会成为不一样的一届赛事。

中国队在本届赛事中发挥极不理想，小组赛中，中国5:1马来西亚 中国2:2伊朗 中国0:3乌兹别克斯坦，最后位居小组第三，继1980年的第七届亚洲杯后，中国队27年来首次小组未出线。

首次参加亚洲杯的澳大利亚队在1/4决赛中与卫冕冠军日本队相遇，在90分钟1:1战平后，双方在加时赛中均无建树；最后日本队通过点球大战以5:4战胜对手，澳大利亚人首次亚洲杯之旅饮恨而归。

伊拉克队在参加本届亚洲杯前虽获得了2004雅典奥运会第四名和2006亚运会亚军，但仍不被广大业内人士和球迷看好，但他们却在小组赛中3-1战胜澳大利亚，半决赛点杀韩国，决赛1-0力擒阿拉伯兄弟沙特，首次捧得亚洲杯冠军。这也是伊拉克队在1982年亚运会夺冠后又一次登上亚洲之巅。

2011，亚洲新霸主诞生

2011年亚洲杯足球赛于1月7日至1月29日在卡塔尔举行。这是第15届

图 4.32 亚洲杯完成效果 3（c）

亚洲杯，也是卡塔尔第二次承办亚洲杯足球赛，另外一次是1988年卡塔尔亚洲杯。中国队在本届赛事中仍未能小组出线，小组赛中第一场中国队2:0胜科威特，第二场对阵卡塔尔，以0:2告负。最后一场2:2平乌兹别克，小组赛1胜1平1负积4分，位列小组第三，无缘八强。

2015，澳大利亚首次举办亚洲杯

第16届亚洲杯于2015年1月4日-26日在澳大利亚的悉尼、堪培拉、墨尔本和布里斯班、黄金海岸这五个城市城市举行

北京时间2011年1月5日，哈曼代表亚足联在多哈正式宣布，四年后的2015年亚洲杯将在澳大利亚举行。这次申办2015年亚洲杯，澳大利亚是惟一申办国，因此得以顺利得手。

3赛事统计

获奖统计

【冠军次数】

4次 日本（1992、2000、2004、2011）

3次 伊朗（1968、1972、1976），沙特（1984、1988、1996）

2次 韩国（1956、1960）

1次 以色列（1964），科威特（1980），伊拉克（2007）

【亚军次数】

3次 韩国（1972、1980、1988），沙特（1992、2000、2007）

2次 以色列（1956、1960），中国（1984、2004）

1次 印度（1964），缅甸（1968），科威特（1976），阿联酋（1996），澳大利亚（2011）

【季军次数】

4次 伊朗（1980、1988、1996、2004），韩国（1964、2000、2007、2011）

2次 中国（1976、1992）

1次 中国香港(1956)，中华台北(1960)，以色列(1968)，泰国(1972)，科威特（1984）

殿军次数

2次 越南（1956、1960），中国（1988、2000）

1次 中国香港(1964)，中华台北(1968)，柬埔寨(1972)，伊拉克(1976)，朝鲜（1980），伊朗（1984），阿联酋（1992），科威特（1996），巴林（2004），日本（2007），乌兹别克斯坦（2011）

4中国队成绩

1956年－1972年未参加

1976年 第三名（半决赛 中国0：2伊朗，季军赛 中国1：0伊拉克）

1980年 小组未出线（小组赛 中国2：2伊朗，中国1：2朝鲜，中国0：1叙利亚）

1984年 第二名（决赛 中国0：2沙特阿拉伯）

1988年 第四名（半决赛 中国1：2韩国，季军赛 中国0：3伊朗）

1992年 第三名（半决赛 中国2：3日本，季军赛 中国4：3阿联酋）

1996年 止步1/4决赛（1/4决赛 中国3：4沙特阿拉伯）

2000年 第四名（半决赛 中国2：3日本，季军赛 中国0：1韩国）

2004年 第二名（决赛 中国1：3日本）

2007年 小组第三未出线（小组赛 中国5：1马来西亚 中国2：2伊朗 中国0：3乌兹别克斯坦）

2011年 小组第三未出线（小组赛 中国2：0科威特 中国0：2卡塔尔 中国2：2乌兹别克斯坦）

2015年预选赛

中国作为第二档球队与伊拉克（种子队）、沙特、印尼被分在C组。

2015年亚洲杯预选赛抽签揭晓

具体赛程

- 2013年2月6日 沙特VS中国（沙特2:1中国[1]）
- 2013年3月22日 中国VS伊拉克（中国1:0伊拉克[2]）
- 2013年10月15日 印尼VS中国（中国1:1印尼[2]）
- 2013年11月15日 中国VS印尼（中国1:0印尼[2]）
- 2013年11月19日 中国VS沙特（中国0:0沙特）
- 2014年3月5日 伊拉克VS中国

国足客场1：1平印尼

2013年10月15日，亚洲杯预选赛C组第三轮，中国队客场1：1被印尼队

图4.32　亚洲杯完成效果3(d)

逼平，3战1胜1平1负暂列第二。2013年11月15日，中国将在西安迎战印尼。

5申办杯赛

北京时间2013年8月7日，亚足联在官网宣布，将在9月10、11日召开一个为期两天的关于2019年亚洲杯的申办研讨会，届时亚足联将向各个申办协会解释申办亚洲杯的具体要求，同时也包括申办协会拥有的权利、申办角色和申办职责。

亚足联还在官网公布了有意申办的国家，在马来西亚、黎巴嫩和缅甸退出申办之后，有意申办的国家从11个缩减到了8个，剩下的8个国家分别为：巴林、中国、伊朗、科威特、阿曼、沙特、泰国和阿联酋。

这8个国家的足协也将被邀请参加于9月10日和11日举办的研讨会，同时亚足联还将2019年亚洲杯申办文件的提交日期延期到8月31日，届时，各个申办协会需要与亚足联正式签署申办协议，同时提供由政府担保的协议和申办候选城市的文案。

参考资料

1.　[亚洲杯]澳大利亚获得2015年第16届亚洲杯举办权　. 中国网络电视台 . 2011年01月06日 [引用日期2013-08-9] .

2.　亚预赛-吴曦破僵局 国足遭爆射扳平客场1-1平印尼　. 新浪网 [引用日期2013-10-15] .

3.　国足客场1:1平印尼　.网易新闻 .2013-10-15 [引用日期2013-10-15] .

4.　AFC确认中国申办2019年亚洲杯 将PK沙特等7国　. 腾讯 . 2013-08-07 [引用日期2013-08-7] .

图4.32　亚洲杯完成效果3(e)

（1）删除“1赛事简介”后面文本“亚洲杯”。

（2）添加艺术字。【插入】→【艺术字】艺术字，如图4.33所示。

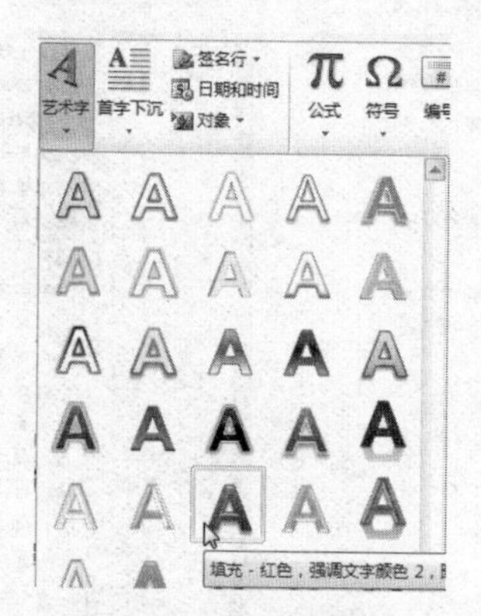


图 4.33 插入艺术字

（3）设置艺术字环绕方式为“紧密型环绕”。选中艺术字，选择【格式】→【自动换行】→【紧密型环绕】。

（4）移动艺术字到本行右侧，完成设置环绕方式及移动后，如图 4.34 所示。

（5）修饰艺术字。选中艺术字，选择【格式】→【文本效果】→【三维旋转】透视分组中的“左向对比透视”，如图 4.35 所示。

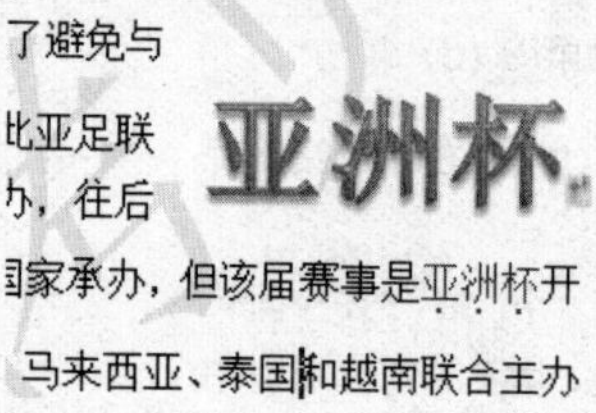

图 4.34 设置紧密型环绕及移动艺术字

图 4.35 设置艺术字文本效果

（6）添加文本框。【插入】→【文本框】→【绘制文本框】。将文本“殿军次数”剪切至新添加的文本框中。

（7）修饰文本框。选中文本框，选择【格式】→【形状效果】→【发光】，如图 4.36 所示。

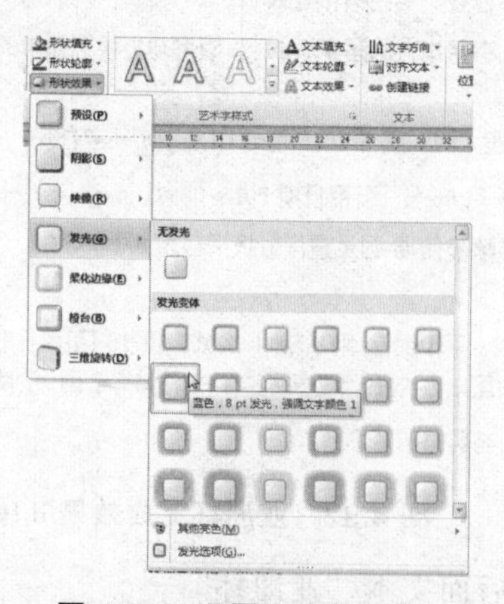


图 4.36 设置文本框效果

（8）设置文本框环绕方式为“四周型环绕”并移动和缩放文本框。

（9）选择“殿军次数”中的内容，将其段落格式修改缩进方式为“左对齐”、无特殊格式。完成后如图 4.37 所示。

殿军次数

科威特（1984）

2次 越南（1956、1960），中国（1988、2000）

1次 中国香港(1964)，中华台北(1968)，柬埔寨(1972)，伊拉克(1976)，朝鲜(1980)，伊朗(1984)，阿联酋(1992)，科威特(1996)，巴林(2004)，日本（2007），乌兹别克斯坦（2011）

4 中国队成绩

**图 4.37　设置文本框及段落格式后效果**

（10）插入图片。将文本插入点定位在文档中任意位置，单击【插入】→【图片】，在弹出的“插入图片”对话框中找到“素材图片 1”，单击“插入”按钮即可插入图片。

（11）裁剪为椭圆。选中刚插入的图片，选择【格式】→【裁剪】→【裁剪为形状】的椭圆形，如图 4.38 所示，裁剪后如图 4.39 所示。

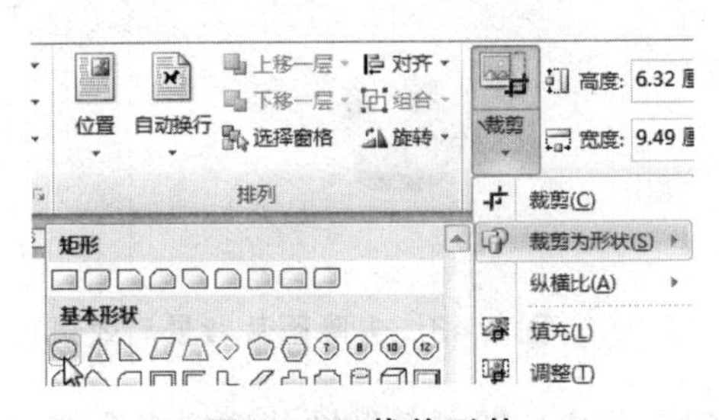


**图 4.38　裁剪形状**

**图 4.39　裁剪后效果**

（12）移动图片并调整图片大小和环绕方式。

拖动图片移动至“2004 年中国亚洲杯“内容中，并拖住控制点缩放大小后设置图片环绕方式为“紧密型环绕”。

（13）水平翻转、调整大小并自由旋转。

① 选中图片后，选择【格式】→【旋转】→水平翻转。

② 将鼠标移至图片绿色控制点上，按住鼠标左键旋转，如图 4.40 所示，即可完成自由旋转。

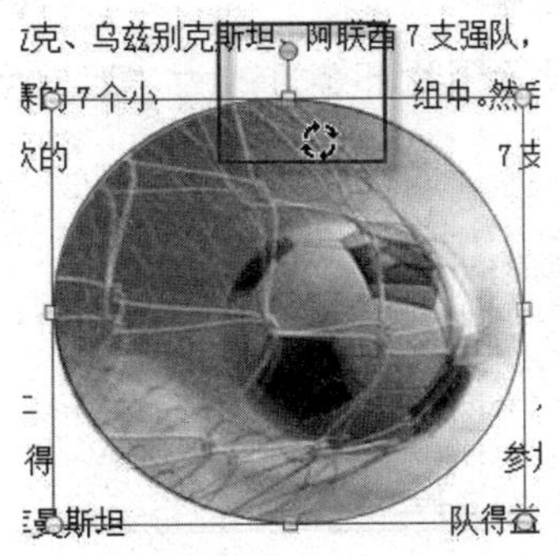


**图 4.40　自由旋转**

③ 将鼠标移动到控制点上，按住鼠标左键拖动，调整图片大小后如图 4.41 所示。

2004 年中国亚洲杯

韩国、伊朗、沙特、卡塔尔、伊拉克、乌兹别克斯坦、阿联酋 7 支强队，以种子队身份直接进入到第二阶段资格赛的 7 个小组中。然后再将泰国、巴林、也门、阿曼等第二档次的 7 支球队再抽到各组中。

最终，中国、日本、伊拉克、泰国、科威特、伊朗、韩国、印度尼西亚、约旦、沙特、卡塔尔、乌兹别克斯坦、阿曼、土库曼斯坦、阿联酋、巴林等 16 支球队获得参加第十三届亚洲杯正赛的资格，其中土库曼斯坦队得益于扩军，首次参加亚洲杯决赛阶段比赛。

图 4.41　旋转后效果

（14）去除图片背景、裁剪、调整大小、设置图片环绕并移动位置。

① 插入“素材图片 2”。选中图片后，单击【格式】→【删除背景】删除背景按钮，Word 2010 对图片进行智能分析，并以红色遮住照片背景，如图 4.42 所示。选择【标记要保留的区域】标记要保留的区域，选取足球区域，然后选择【保留更改】，完成后如图 4.43 所示。

图 4.42　去除图片背景

图 4.43　去除图片背景后效果

② 选择【格式】→【裁剪】，拖动四周的调节块，即可裁剪图片四周多余部分，如图 4.44 所示，完成裁剪后如图 4.45 所示。

图 4.44　裁剪

图 4.45　裁剪后效果

③ 调整合适的图片大小，设置图片环绕方式为“四周型环绕”，并移动图片至“具体赛程”，完成后如图 4.46 所示。

具体赛程

- 2013 年 2 月 6 日 沙特 VS 中国 （沙特 2:1 中国[1]）
- 2013 年 3 月 22 日 中国 VS 伊拉克（中国 1:0 伊拉克[2]）
- 2013 年 10 月 15 日 印尼 VS 中国（中国 1:1 印尼[2]）
- 2013 年 11 月 15 日 中国 VS 印尼（中国 1:0 印尼[2]）
- 2013 年 11 月 19 日 中国 VS 沙特（中国 0:0 沙特）
- 2014 年 3 月 5 日 伊拉克 VS 中国

图 4.46　完成后效果

（15）本任务完成后效果如电子文档“实训四 Word 2010 的应用\亚洲杯完成效果 3”或图 4.32（a）、（b）、（c）、（d）、（e）所示双页显示效果。

（16）将本文档编辑完成后，保存文档、按要求上传作业并上传至服务器中自己的存储空间或自行备份，以备后面任务继续使用。

## 课后实训

（1）下载上次课后实训内容，另存文件名为“课后实训 3”。

（2）实训要求：插入并格式化艺术字、文本框及图片，格式自行拟定。

（3）完成后按指导老师要求上传作业并上传至服务器中自己的存储空间或自行备份，以备下一任务继续使用。

# 任务五　表格编辑

下载并打开上一任务作业和“实训四 Word 2010 的应用\亚洲杯素材 2”，按照指导老师对文件名的要求进行重命名本次作业。可自行参照“实训四 Word 2010 的应用\亚洲杯完成效果 4”完成本任务，或参照如图 4.47（a）、（b）、（c）、（d）、（e）所示双页显示完成效果，其详细操作步骤如下：

亚 洲 杯

—历届亚洲杯资料集

亚洲杯，是由亚足联举办亚洲区内最高级别的国家级赛事，参赛球队必须是亚足联成员，该赛事每四年举办一届。亚洲杯的历史比欧洲杯整整早了四年。

1954 年亚足联成立。1956 年，首届亚洲杯足球赛在香港举行，仅 4 支球队参赛，韩国夺得冠军。中国队自 1976 年第六届起参加亚洲杯。

1 赛事简介

第十四届亚洲杯原定于 2008 年举行，但为了避免与欧洲杯、奥运会等国际重大赛事赛期冲突，故此亚足联决定把 2008 年的亚洲杯提前一年至 2007 年举办，往后仍会继续四年举行一届。历届赛事均由单一个国家承办，但该届赛事是亚洲杯开办以来首次由多国承办，东南亚的印度尼西亚、马来西亚、泰国和越南联合主办了第十四届亚洲杯。

第 15 届亚洲杯在 2011 年在卡塔尔举行。

第 16 届亚洲杯将于 2015 年在澳大利亚举行。

2 历届赛事

简介

1956，韩国队先声夺人

详见：1956 年香港亚洲杯

首届比赛按地区分成东亚、中亚和西亚三个小组进行预选赛。决赛阶段采取单循环赛制，结果，韩国队以二胜一平的战绩获得冠军，以色列（两胜一负）、东道主香港（二平一负）和越南队（一平两负）分获二至四名。

1960，太极虎再登巅峰

第二届亚洲杯足球赛的擂台移至韩国汉城，有 10 支球队报名参赛。

这届比赛的预选赛仍然分成东亚、中亚和西亚三个小组，分别在菲律宾、新加坡和印度举行。

在韩国汉城举行的四强大会战中，上届冠军韩国队以 1:0 力克中国台北，5:1 横扫越南队，3:0 大胜以色列队，令人信服地蝉联冠军，上届亚军以色列以两胜一负的成绩保持第二名的位置，中国台北队和越南队分获三、四名。

1964，以色列成功“复辟”

1964 年举行的第三届亚洲杯足球赛由以色列承办，本届比赛吸引了 16 支球队赴会。

四强赛采用单循环赛制，结果前两届均与冠军奖杯失之交臂的主道主以色列队这次终于笑到了最后，东道主球队分别以 1:0、2:0 和 2:1 击败了香港、印度和韩国队，以三战全胜的战绩从韩国人手中夺走了奖杯；名不见经传的印度队以两胜一负位居第二；前两届冠军得主韩国队仅在香港队身上取得胜利，退居第三名；三战皆负的香港队在四强战中垫底。

1968，伊朗队笑到最后

第四届亚洲杯赛 1968 年在伊朗德黑兰举行，有 14 支球队报名参加预赛。

以前两届一样，这届仍然是东道主球队的天下，在家门口作战的伊朗队无坚不摧，四战皆捷勇夺“亚洲杯”，列二到五位的分别是缅甸、以色列、中国台北和香港。

1972，阿拉伯人加入

从 1972 年的第五届赛事起，亚洲足球“沙漠地区”的阿拉伯国家开始踊跃报名参赛，已有 16 年历史的亚洲杯足球赛终于成为真正意义上的“亚洲杯”。

曼谷决战采用了新赛制，6 支球队分为两个小组，在第一小组中，伊朗队两战两胜摘得小组头名，泰国队依靠净胜球的优势压倒伊拉克队占得次席；第二小组中出现了三队积分相同的情况，韩国和柬埔寨以净胜球的优势幸运晋级，新旅科威特队痛失出线权。半决赛争夺得异常激烈，实力高出一筹的伊朗和韩国最终在决赛相遇，伊朗队依靠加时赛中的一粒金子般的进球，连续第二次获得亚洲杯。

1976，中国队走进“亚洲杯”

时隔八年后，亚洲杯足球赛再次把战场摆到了伊朗德黑兰。此届比赛共吸引了 17 支球队，创造了亚洲杯的纪录。更值得一提的是，中国队首次出现在亚洲杯赛场上。

由于泰国队、朝鲜队和沙特队相继宣布弃权，参加决赛阶段比赛的球队最后

图 4.47　亚洲杯完成效果 4（a）

只剩下六支。中国队首战1:1平马来西亚队，次战0:1不敌科威特队。以小组第二名出线。另三支出线的球队是科威特、伊拉克、伊朗。半决赛中，加盟亚足联仅两年的中国队0比2不敌卫冕冠军伊朗队，科威特队则以3:2险胜伊拉克队。决赛中，伊朗队以1：0击败科威特队，连续第三次夺走亚洲杯。中国队在三四名决赛中取得胜利。

1980，科威特队“扶正”

由于参赛球队逐渐增加，亚洲杯足球赛的赛制终于从第七届开始步入正轨，预赛机制的推广让一些弱队提前被过滤掉，从而提高了比赛的竞争性。

这届比赛于1980年在科威特举行，有17支球队报名参赛，预赛分四个小组进行，分别在阿联酋、孟加拉国、泰国和菲律宾四国举行。分在A组的中国队表现大失水准，分别以1:2、0：1负于朝鲜队、叙利亚队，仅取得一胜一平两负的战绩，列小组第4名。科威特在决赛中3比0战胜韩国队，首次夺得“亚洲杯”。

1984，中国队只差一步

第八届亚洲杯足球赛于1984年在新加坡举行，这届比赛吸引了21支球队报名参加，创亚洲杯有史以来的新纪录。

预赛分4个小组进行，最终第一小组的叙利亚队和伊朗队，第二小组的沙特阿拉伯队和阿联酋队，第三小组的韩国队和印度队，第四小组的中国队和卡塔尔队，以及上届冠军科威特队、东道主新加坡队等十支球队取得了决赛阶段比赛资格。

1984年新加坡亚洲杯

决赛分A、B两组进行，采取单循环赛制。结果，A组的沙特队、科威特队和B组的中国队、伊朗队分别取得各自小组的前两名，跻身四强。半决赛中，沙特阿拉伯队压倒了伊朗，中国队则依靠李华筠在加时赛中的一粒入球，以1:0击败上届冠军科威特队，首次杀进亚洲杯冠亚军决赛场。决赛中，赛前兴奋过度的中国球员发挥大失水准，以0:2不敌第12届世界杯预选赛时的脚下败将沙特队，遗憾地与“亚洲杯”擦肩而过。科威特队和伊朗队分获三、四名。赛后，中国队主力中卫贾秀全被评为“最佳运动员”，他还以4个进球荣获“金靴奖”。

1988，沙特人铸造霸业

第九届亚洲杯足球赛于1988年在卡塔尔多哈召开，有22支球队参赛。

预赛分为四个小组进行。中国队与阿联酋、北也门、泰国、孟加拉国和印度队分在同一小组，经过五轮角逐，中国队以三胜二平的战绩列小组第二，顺利晋级决赛圈。

半决赛中，中国队与韩国队杀得天昏地暗，双方在90分钟内战成一平。加时赛中，中国队中锋王宝山头槌破网，可惜被裁判错判为“犯规在前”。大难不死的韩国队后通过反击得分，幸运地取得决赛权。决赛中，沙特队在互射点球中以4比3战胜韩国队，蝉联冠军。伊朗队和中国队分获三、四名。

1992，日本队一飞冲天

1992年举行的第十届亚洲杯足球赛由日本承办。

决赛阶段分为两个小组，A组有日本、阿联酋、朝鲜和伊朗四支球队，B组有沙特阿拉伯、中国、卡塔尔和泰国四支球队。最终A组的日本队、阿联酋和B组的沙特队、中国队这四支球队角逐半决赛的资格。半决赛中，中国队以2：3惜败于东道主日本队，沙特队击败阿联酋队。决赛中，日本队以1比0力克卫冕冠军沙特阿拉伯队，第一次赢得亚洲杯。此前一直处于亚洲二流球队行列的日本队也由此进入顶尖球队之中。在争夺第三名的比赛中，中国队通过点球大战战胜阿联酋队。

1996，“西风”压倒“东风”

由于参赛球队的增多和整体水平的提高，参加亚洲杯足球赛决赛圈的球队从第十一届起扩为12支。这届比赛于1996年在阿联酋举行。

1996年阿联酋亚洲杯

中国队在1/4决赛中与沙特队相遇，中国队开场不久即取得2:0的大优局面。沙特队后大举进攻，结果连入四球，以4:3反败为胜。日本队、韩国队分别负于科威特队、伊朗队，阿联酋队击败伊拉克队，这样本届比赛前四名由西亚球队所包揽。半决赛中，阿联酋队以1:0击败科威特队，沙特队在点球决战中以4:3击败伊朗队。沙特队在决赛中福星高照，通过互射点球以4：3压倒东道主阿联酋队。

2000，东亚三强收复失地

第十二届亚洲杯足球赛于2000年在黎巴嫩举行，本届比赛吸引了42支球队参赛，亚洲杯的影响力提升到一个前所未有的高度。

图 4.47 亚洲杯完成效果 4（b）

进入前八名的球队是A组的伊朗队、伊拉克队和B组的中国队、科威特、韩国队以及C组的日本队、沙特队和卡塔尔队。1/4决赛中，中国队3:1击溃卡塔尔队，杀进四强。韩国2:1击败伊朗队，日本队4:1大胜伊拉克队，沙特队3:2险胜科威队，这三支球队也取得了半决赛资格。在与日本队的半决赛中，中国队重演1992年的一幕，以2:3惜败。沙特队2:1击败韩国队。和1992年一样，日本队在决赛中依然以1:0气走上届冠军沙特队，第二次捧杯。在三、四决赛中，中国队0:1不敌韩国队，最终名列第四。

2004，中国首次担任“东道主”

详见：2004年中国亚洲杯

第十三届亚洲杯足球赛于2004年在中国举行，亚洲足球首次回到了它的发源地。

本次亚洲杯赛决赛阶段的比赛首次“扩军”，参赛球队数量将从过去的12支扩大到16支。这16支球队分成4个小组在中国的北京、成都、重庆、济南4个城市进行小组赛。

预选赛共分为两个阶段进行。亚足联根据国际足联的最新排名，除东道主中国和上届冠军日本队外的41支报名参赛球队被分到各个组别，先将41支队伍分成四档，关岛、孟加拉国等20支“弱队”，被先安排到7个小组首先进行第一阶段的预选赛，每个小组的第一名获得参加第二阶段的资格赛。

2004年中国亚洲杯

韩国、伊朗、沙特、卡塔尔、伊拉克、乌兹别克斯坦、阿联酋7支强队，以种子队身份直接进入到第二阶段资格赛的7个小组中。然后再将泰国、巴林、也门、阿曼等第二档次的7支球队再抽到各组中。

最终，中国、日本、伊拉克、泰国、科威特、伊朗、韩国、印度尼西亚、约旦、沙特、卡塔尔、乌兹别克斯坦、阿曼、土库曼斯坦、阿联酋、巴林等16支球队获得参加第十三届亚洲杯正赛的资格，其中土库曼斯坦队得益于扩军，首次参加亚洲杯决赛阶段比赛。

中国队凭借东道主优势，在比赛中高歌猛进，一路杀入决赛，可惜最后遗憾的1:3不敌日本队，最后继1984年后再次屈居亚军。

日本队则首次蝉联冠军，也将冠军数增加到了3次，成为夺冠次数最多的球队之一。

2007，伊拉克重回亚洲巅峰

详见：2007年东南亚四国亚洲杯（2007年亚洲杯足球赛）

第十四届亚洲杯足球赛2007年在印度尼西亚、马来西亚、泰国、越南举行，这是亚洲杯首次由一个以上国家联合主办，继欧洲杯和世界杯后，亚洲杯也随潮流进行了联合举办。

这届亚洲杯也是澳大利亚在正式进入亚足联后，首次参加亚洲杯足球赛，澳大利亚人将给亚洲足球带来新的东西。

此外，原本由1956年创办的亚洲杯以每四年举行一届，但直到应该在2008年举办的第十四届亚洲杯上，为了避免与欧洲国家杯及奥运会这两项国际重大体育赛事的赛期冲突，亚足联决定改变传统，将比赛提前一年至2007年举行，之后继续每四年举行一次赛事。

伊拉克首夺亚洲杯

有了如此多的看点，这届亚洲杯注定会成为不一样的一届赛事。

中国队在本届赛事中发挥极不理想，小组赛中，中国5:1马来西亚 中国2:2伊朗 中国0:3乌兹别克斯坦，最后位居小组第三，继1980年的第七届亚洲杯后，中国队27年来首次小组未出线。

首次参加亚洲杯的澳大利亚队在1/4决赛中与卫冕冠军日本队相遇，在90分钟1:1战平后，双方在加时赛中均无建树，最后日本队通过点球大战以5:4战胜对手，澳大利亚人首次亚洲杯之旅饮恨而归。

伊拉克队在参加本届亚洲杯前虽获得了2004雅典奥运会第四名和2006亚运会亚军，但仍不被广大业内人士和球迷看好，但他们却在小组赛中3-1战胜澳大利亚，半决赛点杀韩国，决赛1-0力擒阿拉伯兄弟沙特，首次捧得亚洲杯冠军。这也是伊拉克队在1982年亚运会夺冠后又一次登上亚洲之巅。

2011，亚洲新霸主诞生

2011年亚洲杯足球赛于1月7日至1月29日在卡塔尔举行。这是第15届

图 4.47 亚洲杯完成效果 4（c）

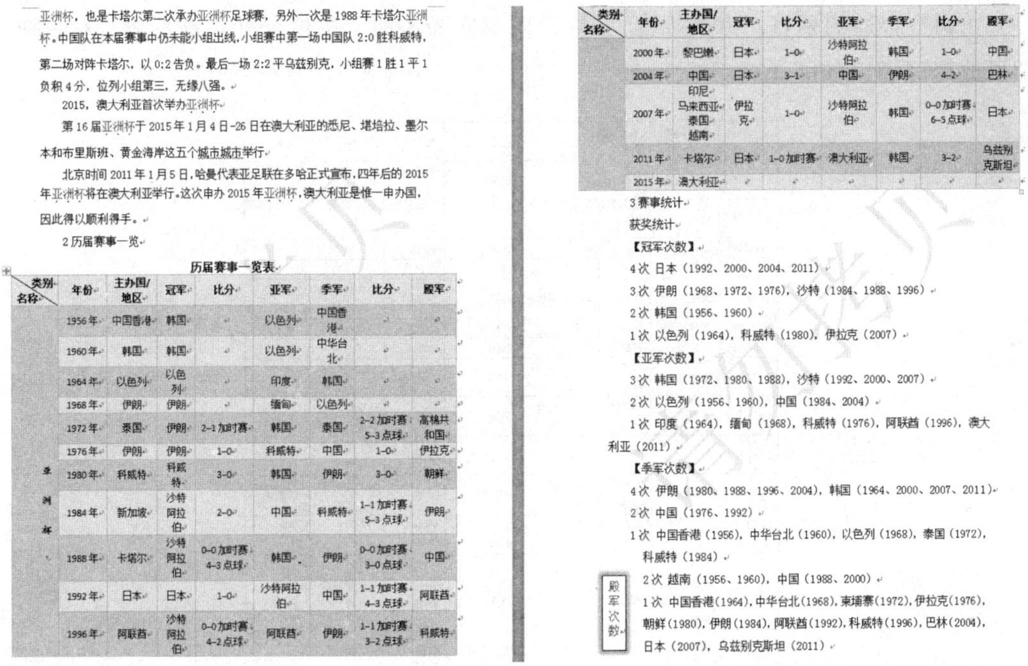

亚洲杯，也是卡塔尔第二次承办亚洲杯足球赛，另外一次是1988年卡塔尔亚洲杯。中国队在本届赛事中仍未能小组出线，小组赛中第一场中国队2:0胜科威特，第二场对阵卡塔尔，以0:2告负。最后一场2:2平乌兹别克，小组赛1胜1平1负积4分，位列小组第三，无缘八强。

2015，澳大利亚首次举办亚洲杯

第16届亚洲杯于2015年1月4日-26日在澳大利亚的悉尼、堪培拉、墨尔本和布里斯班、黄金海岸这五个城市城市举行。

北京时间2011年1月5日，哈曼代表亚足联在多哈正式宣布，四年后的2015年亚洲杯将在澳大利亚举行。这次申办2015年亚洲杯，澳大利亚是惟一申办国，因此得以顺利得手。

2历届赛事一览

历届赛事一览表

| 类别/名称 | 年份 | 主办国/地区 | 冠军 | 比分 | 亚军 | 季军 | 比分 | 殿军 |
|---|---|---|---|---|---|---|---|---|
| 亚洲杯 | 1956年 | 中国香港 | 韩国 | | 以色列 | 中国香港 | | |
| | 1960年 | 韩国 | 韩国 | | 以色列 | 中华台北 | | |
| | 1964年 | 以色列 | 以色列 | | 印度 | 韩国 | | |
| | 1968年 | 伊朗 | 伊朗 | | 缅甸 | 以色列 | | |
| | 1972年 | 泰国 | 伊朗 | 2-1加时赛 | 韩国 | 泰国 | 2-2加时赛<br>5-3点球 | 高棉共和国 |
| | 1976年 | 伊朗 | 伊朗 | 1-0 | 科威特 | 中国 | 1-0 | 伊拉克 |
| | 1980年 | 科威特 | 科威特 | 3-0 | 韩国 | 伊朗 | 3-0 | 朝鲜 |
| | 1984年 | 新加坡 | 沙特阿拉伯 | 2-0 | 中国 | 科威特 | 1-1加时赛<br>5-3点球 | 伊朗 |
| | 1988年 | 卡塔尔 | 沙特阿拉伯 | 0-0加时赛<br>4-3点球 | 韩国 | 伊朗 | 0-0加时赛<br>3-0点球 | 中国 |
| | 1992年 | 日本 | 日本 | 1-0 | 沙特阿拉伯 | 中国 | 1-1加时赛<br>4-3点球 | 阿联酋 |
| | 1996年 | 阿联酋 | 沙特阿拉伯 | 0-0加时赛<br>4-2点球 | 阿联酋 | 伊朗 | 1-1加时赛<br>3-2点球 | 科威特 |

| 类别/名称 | 年份 | 主办国/地区 | 冠军 | 比分 | 亚军 | 季军 | 比分 | 殿军 |
|---|---|---|---|---|---|---|---|---|
| | 2000年 | 黎巴嫩 | 日本 | 1-0 | 沙特阿拉伯 | 韩国 | 1-0 | 中国 |
| | 2004年 | 中国 | 日本 | 3-1 | 中国 | 伊朗 | 4-2 | 巴林 |
| | 2007年 | 印尼<br>马来西亚<br>泰国<br>越南 | 伊拉克 | 1-0 | 沙特阿拉伯 | 韩国 | 0-0加时赛<br>6-5点球 | 日本 |
| | 2011年 | 卡塔尔 | 日本 | 1-0加时赛 | 澳大利亚 | 韩国 | 3-2 | 乌兹别克斯坦 |
| | 2015年 | 澳大利亚 | | | | | | |

3赛事统计

获奖统计

【冠军次数】

4次 日本（1992、2000、2004、2011）

3次 伊朗（1968、1972、1976），沙特（1984、1988、1996）

2次 韩国（1956、1960）

1次 以色列（1964），科威特（1980），伊拉克（2007）

【亚军次数】

3次 韩国（1972、1980、1988），沙特（1992、2000、2007）

2次 以色列（1956、1960），中国（1984、2004）

1次 印度（1964），缅甸（1968），科威特（1976），阿联酋（1996），澳大利亚（2011）

【季军次数】

4次 伊朗（1980、1988、1996、2004），韩国（1964、2000、2007、2011）

2次 中国（1976、1992）

1次 中国香港（1956），中华台北（1960），以色列（1968），泰国（1972），科威特（1984）

殿军次数

2次 越南（1956、1960），中国（1988、2000）

1次 中国香港（1964），中华台北（1968），柬埔寨（1972），伊拉克（1976），朝鲜（1980），伊朗（1984），阿联酋（1992），科威特（1996），巴林（2004），日本（2007），乌兹别克斯坦（2011）

图 4.47　亚洲杯完成效果 4（d）

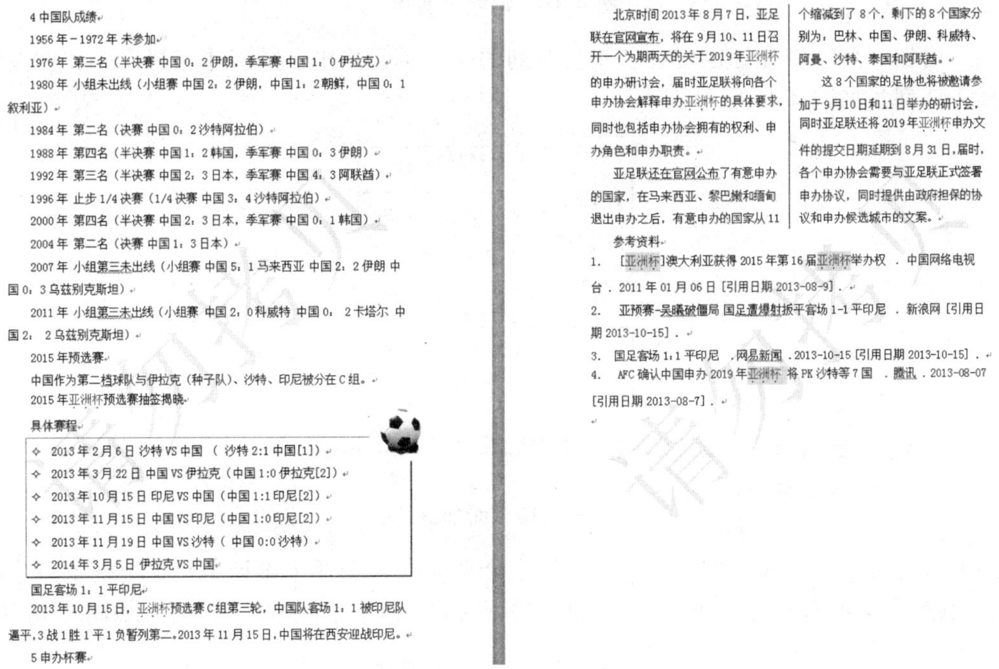

4中国队成绩

1956年－1972年 未参加

1976年 第三名（半决赛 中国0：2伊朗，季军赛 中国1：0伊拉克）

1980年 小组未出线（小组赛 中国2：2伊朗，中国1：2朝鲜，中国0：1叙利亚）

1984年 第二名（决赛 中国0：2沙特阿拉伯）

1988年 第四名（半决赛 中国1：2韩国，季军赛 中国0：3伊朗）

1992年 第三名（半决赛 中国2：3日本，季军赛 中国4：3阿联酋）

1996年 止步1/4决赛（1/4决赛 中国3：4沙特阿拉伯）

2000年 第四名（半决赛 中国2：3日本，季军赛 中国0：1韩国）

2004年 第二名（决赛 中国1：3日本）

2007年 小组第三未出线（小组赛 中国5：1马来西亚 中国2：2伊朗 中国0：3乌兹别克斯坦）

2011年 小组第三未出线（小组赛 中国2：0科威特 中国0：2卡塔尔 中国2：2乌兹别克斯坦）

2015年预选赛

中国作为第二档球队与伊拉克（种子队）、沙特、印尼被分在C组。

2015年亚洲杯预选赛抽签揭晓

具体赛程

- ✧ 2013年2月6日 沙特VS中国（沙特2:1中国[1]）
- ✧ 2013年3月22日 中国VS伊拉克（中国1:0伊拉克[2]）
- ✧ 2013年10月15日 印尼VS中国（中国1:1印尼[2]）
- ✧ 2013年11月15日 中国VS印尼（中国1:0印尼[2]）
- ✧ 2013年11月19日 中国VS沙特（中国0:0沙特）
- ✧ 2014年3月5日 伊拉克VS中国

国足客场1：1平印尼

2013年10月15日，亚洲杯预选赛C组第三轮，中国队客场1：1被印尼队逼平，3战1胜1平1负暂列第二。2013年11月15日，中国将在西安迎战印尼。

5申办杯赛

北京时间2013年8月7日，亚足联在官网宣布，将在9月10、11日召开一个为期两天的关于2019年亚洲杯的申办研讨会，届时亚足联将向各个申办协会解释申办亚洲杯的具体要求，同时也包括申办协会拥有的权利、申办角色和申办职责。

亚足联还在官网公布了有意申办的国家，在马来西亚、黎巴嫩和缅甸退出申办之后，有意申办的国家从11个缩减到了8个，剩下的8个国家分别为：巴林、中国、伊朗、科威特、阿曼、沙特、泰国和阿联酋。

这8个国家的足协也将被邀请参加于9月10日和11日举办的研讨会，同时亚足联还将2019年亚洲杯申办文件的提交日期延期到8月31日，届时，各个申办协会需要与亚足联正式签署申办协议，同时提供由政府担保的协议和申办候选城市的文案。

参考资料

1. [亚洲杯]澳大利亚获得2015年第16届亚洲杯举办权 . 中国网络电视台 . 2011年01月06日 [引用日期2013-08-9] .
2. 亚预赛-吴曦破僵局 国足遭爆射扳平客场1-1平印尼 . 新浪网 [引用日期2013-10-15] .
3. 国足客场1:1平印尼 . 网易新闻 . 2013-10-15 [引用日期2013-10-15] .
4. AFC确认中国申办2019年亚洲杯 将PK沙特等7国 . 腾讯 . 2013-08-07 [引用日期2013-08-7] .

图 4.47　亚洲杯完成效果 4（e）

（1）参照“亚洲杯素材2”，在“3赛事统计”前面创建一个新表格。

单击【插入】→【表格】→插入表格，在弹出的“插入表格”对话框中输入8列，17行。

（2）复制表格中的文字。选中“亚洲杯素材2”表格中第1个单元格，按住【Shift】键后再选中最后一个单元格，复制后，用同样的方法选择刚创建的表格，粘贴表格中文字。

（3）调整合适的列宽。当鼠标变为 横向双向箭头时，按住鼠标左键不放，左右拖动鼠标即可改变列宽，如图 4.48 所示。

| 年份 | 主办国/地区 | 冠军 | 比分 | 亚军 | 季军 | 比分 | 殿军 |
|---|---|---|---|---|---|---|---|
| 1956 年 | 中国香港 | 韩国 | | 以色列 | 中国香港 | | |
| 1960 年 | 韩国 | 韩国 | | 以色列 | 中华台北 | | |
| 1964 年 | 以色列 | 以色列 | | 印度 | 韩国 | | |
| 1968 年 | 伊朗 | 伊朗 | | 缅甸 | 以色列 | | |
| 1972 年 | 泰国 | 伊朗 | 2–1 加时赛 | 韩国 | 泰国 | 2–2 加时赛<br>5–3 点球 | 高棉共和国 |
| 1976 年 | 伊朗 | 伊朗 | 1–0 | 科威特 | 中国 | 1–0 | 伊拉克 |
| 1980 年 | 科威特 | 科威特 | 3–0 | 韩国 | 伊朗 | 3–0 | 朝鲜 |
| 1984 年 | 新加坡 | 沙特阿拉伯 | 2–0 | 中国 | 科威特 | 1–1 加时赛<br>5–3 点球 | 伊朗 |
| 1988 年 | 卡塔尔 | 沙特阿拉伯 | 0–0 加时赛<br>4–3 点球 | 韩国 | 伊朗 | 0–0 加时赛<br>3–0 点球 | 中国 |
| 1992 年 | 日本 | 日本 | 1–0 | 沙特阿拉伯 | 中国 | 1–1 加时赛<br>4–3 点球 | 阿联酋 |
| 1996 年 | 阿联酋 | 沙特阿拉伯 | 0–0 加时赛<br>4–2 点球 | 阿联酋 | 伊朗 | 1–1 加时赛<br>3–2 点球 | 科威特 |
| 2000 年 | 黎巴嫩 | 日本 | 1–0 | 沙特阿拉伯 | 韩国 | 1–0 | 中国 |
| 2004 年 | 中国 | 日本 | 3–1 | 中国 | 伊朗 | 4–2 | 巴林 |
| 2007 年 | 印尼<br>马来西亚<br>泰国<br>越南 | 伊拉克 | 1–0 | 沙特阿拉伯 | 韩国 | 0–0 加时赛<br>6–5 点球 | 日本 |
| 2011 年 | 卡塔尔 | 日本 | 1–0 加时赛 | 澳大利亚 | 韩国 | 3–2 | 乌兹别克斯坦 |
| 2015 年 | 澳大利亚 | | | | | | |

图 4.48　调整列宽度

（4）增加一列。将光标定位在“年份”列的任一单元格中，选择【布局】→“在左侧插入”插入新列，如图 4.49 所示。

| | 年份 | 主办国/地区 | 冠军 |
|---|---|---|---|
| | 1956 年 | 中国香港 | 韩国 |
| | 1960 年 | 韩国 | 韩国 |
| | 1964 年 | 以色列 | 以色列 |
| | 1968 年 | 伊朗 | 伊朗 |
| | 1972 年 | 泰国 | 伊朗 |
| | 1976 年 | 伊朗 | 伊朗 |
| | 1980 年 | 科威特 | 科威特 |
| | 1984 年 | 新加坡 | 沙特阿拉伯 |
| | | | 沙特阿 |

图 4.49　增加列

（5）绘制斜线表头并添加文字。选中第 1 个单元格，选择【设计】→【边框】→【斜下框线】。利用“文本右对齐”和“文本左对齐”和回车控制文字格式，设置后如图 4.50 所示。

| 类别<br>名称 | 年份 | 主办国/地区 |
|---|---|---|
| | 1956 年 | 中国香港 |
| | 1960 年 | 韩国 |

图 4.50　绘制斜线表头并添加文字

（6）合并单元格。选中刚新增这一列除第 1 个单元格之外的 16 个单元格，选择【布局】→【合并单元格】合并单元格，如图 4.51 所示。

| 类别/名称 | 年份 | 主办国/地区 | 冠军 | 比分 | 亚军 |
|---|---|---|---|---|---|
| | 1956 年 | 中国香港 | 韩国 | | 以色列 |
| | 1960 年 | 韩国 | 韩国 | | 以色列 |
| | 1964 年 | 以色列 | 以色列 | | 印度 |
| | 1968 年 | 伊朗 | 伊朗 | | 缅甸 |
| | 1972 年 | 泰国 | 伊朗 | 2–1 加时赛 | 韩国 |
| | 1976 年 | 伊朗 | 伊朗 | 1–0 | 科威特 |
| | 1980 年 | 科威特 | 科威特 | 3–0 | 韩国 |
| | 1984 年 | 新加坡 | 沙特阿拉伯 | 2–0 | 中国 |
| | 1988 年 | 卡塔尔 | 沙特阿拉伯 | 0–0 加时赛<br>4–3 点球 | 韩国 |
| | 1992 年 | 日本 | 日本 | 1–0 | 沙特阿拉 |
| | 1996 年 | 阿联酋 | 沙特阿拉伯 | 0–0 加时赛<br>4–2 点球 | 阿联酋 |

图 4.51 合并单元格

（7）添加并格式化文字。

① 在刚才第（6）步合并的单元格中输入“亚洲杯”后选中文字，单击【布局】→【文字方向】改变其文字方向为“纵向”。

② 在【开始】选项卡“字体”分组中单击右下角的【 】按钮，打开的“字体”对话框，在“高级”选项卡中调整字符间距为“加宽 10 磅”，如图 4.52 所示。

| 类别/名称 | 年份 | 主办国/地区 | 冠军 |
|---|---|---|---|
| 亚洲杯 | 1956 年 | 中国香港 | 韩国 |
| | 1960 年 | 韩国 | 韩国 |
| | 1964 年 | 以色列 | 以色列 |
| | 1968 年 | 伊朗 | 伊朗 |
| | 1972 年 | 泰国 | 伊朗 |
| | 1976 年 | 伊朗 | 伊朗 |
| | 1980 年 | 科威特 | 科威特 |
| | 1984 年 | 新加坡 | 沙特阿拉伯 |
| | 1988 年 | 卡塔尔 | 沙特阿拉伯 |
| | 1992 年 | 日本 | 日本 |

图 4.52 添加文字

③ 居中对齐文字。单击鼠标右键，选择“单元格对齐方式”→“中部对齐”，如图 4.53 所示。

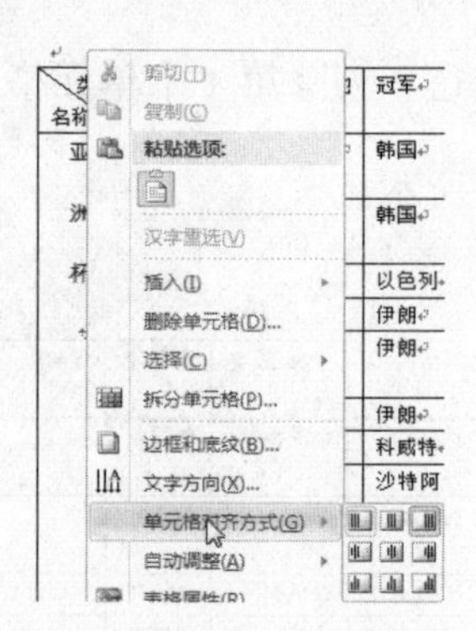


图 4.53　对齐文字

（8）修饰表格。

① 单击任意单元格。选择【设计】选项卡“表格样式”分组列表【 】其他按钮，在更多的表格样式列表中选择“中等深浅网格 1，强调文字颜色 3”，如图 4.54 所示。

| 类别名称 | 年份 | 主办国/地区 | 冠军 | 比分 | 亚军 | 季军 | 比分 | 殿军 |
|---|---|---|---|---|---|---|---|---|
| 亚洲杯 | 1956 年 | 中国香港 | 韩国 | | 以色列 | 中国香港 | | |
| | 1960 年 | 韩国 | 韩国 | | 以色列 | 中华台北 | | |
| | 1964 年 | 以色列 | 以色列 | | 印度 | 韩国 | | |
| | 1968 年 | 伊朗 | 伊朗 | | 缅甸 | 以色列 | | |
| | 1972 年 | 泰国 | 伊朗 | 2–1 加时赛 | 韩国 | 泰国 | 2–2 加时赛 5–3 点球 | 高棉共和国 |
| | 1976 年 | 伊朗 | 伊朗 | 1–0 | 科威特 | 中国 | 1–0 | 伊拉克 |
| | 1980 年 | 科威特 | 科威特 | 3–0 | 韩国 | 伊朗 | 3–0 | 朝鲜 |
| | 1984 年 | 新加坡 | 沙特阿拉伯 | 2–0 | 中国 | 科威特 | 1–1 加时赛 5–3 点球 | 伊朗 |
| | 1988 年 | 卡塔尔 | 沙特阿拉伯 | 0–0 加时赛 4–3 点球 | 韩国 | 伊朗 | 0–0 加时赛 3–0 点球 | 中国 |
| | 1992 年 | 日本 | 日本 | 1–0 | 沙特阿拉伯 | 中国 | 1–1 加时赛 4–3 点球 | 阿联酋 |
| | 1996 年 | 阿联酋 | 沙特阿拉伯 | 0–0 加时赛 4–2 点球 | 阿联酋 | 伊朗 | 1–1 加时赛 3–2 点球 | 科威特 |
| | 2000 年 | 黎巴嫩 | 日本 | 1–0 | 沙特阿拉伯 | 韩国 | 1–0 | 中国 |
| | 2004 年 | 中国 | 日本 | 3–1 | 中国 | 伊朗 | 4–2 | 巴林 |
| | 2007 年 | 印尼 马来西亚 泰国 越南 | 伊拉克 | 1–0 | 沙特阿拉伯 | 韩国 | 0–0 加时赛 6–5 点球 | 日本 |
| | 2011 年 | 卡塔尔 | 日本 | 1–0 加时赛 | 澳大利亚 | 韩国 | 3–2 | 乌兹别克斯坦 |
| | 2015 年 | 澳大利亚 | | | | | | |

图 4.54　自动套用表格样式

② 自动套用后请重新做第（5）步操作绘制斜线表头。

③ 文字水平居中对齐。选中除第 1 列之外的表格，单击【布局】选项卡“对齐方式”分组中的“水平居中”对齐方式按钮，如图 4.55 所示。

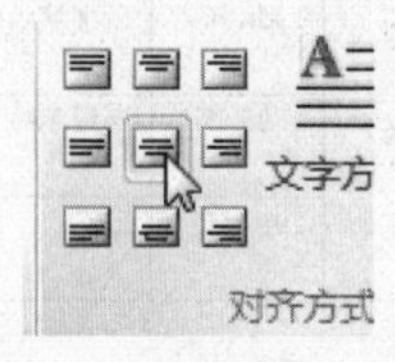


图 4.55　文字水平居中对齐

（9）重复标题行。选中第一行标题行，【布局】→【重复标题行】。

（10）设置表格段落格式。选中整个表格，设置段落的对齐方式为“居中对齐”。

（11）添加表格标题“历届赛事一览表”。设置表格标题格式为“小四”、“加粗”，段前间距为 0.5 行。

（12）本任务完成后效果如电子文档“实训四 Word 2010 的应用\亚洲杯完成效果 4”或图 4.47（a）、（b）、（c）、（d）、（e）、（f）、（g）所示双页显示效果。

（13）将本文档编辑完成后，保存文档、按要求上传作业并上传至服务器中自己的存储空间或自行备份，以备下一任务继续使用。

## 课后实训

（1）下载上次课后实训内容，另存文件名为“课后实训 4”。

（2）实训要求：插入并格式化表格，格式自行拟定。

（3）完成后按指导老师要求上传作业并上传至服务器中自己的存储空间或自行备份，以备下一任务继续使用。

# 任务六　长文档编辑

下载并打开上一任务作业，按照指导老师对文件名的要求进行重命名文档。可自行参照“实训四 Word 2010 的应用\亚洲杯完成效果 5”完成本任务，或参照如图 4.56（a）、（b）、（c）、（d）、（e）、（f）、（g）所示双页显示完成效果，其详细操作步骤如下：

亚洲杯

目录



陈建利　1

图 4.56　亚洲杯完成效果 5（a）

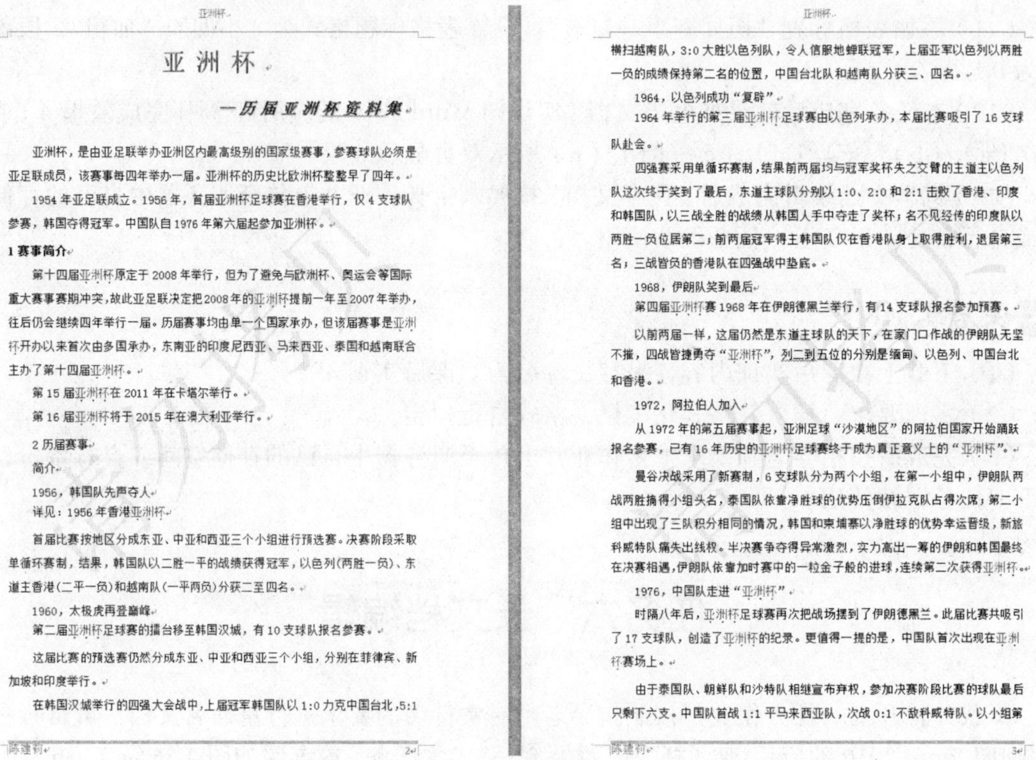

亚洲杯

# 亚洲杯

*——历届亚洲杯资料集*

亚洲杯，是由亚足联举办亚洲区内最高级别的国家级赛事，参赛球队必须是亚足联成员，该赛事每四年举办一届。亚洲杯的历史比欧洲杯整整早了四年。

1954年亚足联成立。1956年，首届亚洲杯足球赛在香港举行，仅4支球队参赛，韩国夺得冠军。中国队自1976年第六届起参加亚洲杯。

**1 赛事简介**

第十四届亚洲杯原定于2008年举行，但为了避免与欧洲杯、奥运会等国际重大赛事赛期冲突，故此亚足联决定把2008年的亚洲杯提前一年至2007年举办，往后仍会继续四年举行一届。历届赛事均由单一个国家承办，但该届赛事是亚洲杯开办以来首次由多国承办，东南亚的印度尼西亚、马来西亚、泰国和越南联合主办了第十四届亚洲杯。

第15届亚洲杯在2011年在卡塔尔举行。

第16届亚洲杯将于2015年在澳大利亚举行。

2 历届赛事

简介

1956，韩国队先声夺人

详见：1956年香港亚洲杯

首届比赛按地区分成东亚、中亚和西亚三个小组进行预选赛。决赛阶段采取单循环赛制，结果，韩国队以二胜一平的战绩获得冠军，以色列(两胜一负)、东道主香港(二平一负)和越南队(一平两负)分获二至四名。

1960，太极虎再登巅峰

第二届亚洲杯足球赛的擂台移至韩国汉城，有10支球队报名参赛。

这届比赛的预选赛仍然分成东亚、中亚和西亚三个小组，分别在菲律宾、新加坡和印度举行。

在韩国汉城举行的四强大会战中，上届冠军韩国队以1:0力克中国台北，5:1



亚洲杯

横扫越南队，3:0大胜以色列队，令人信服地蝉联冠军，上届亚军以色列以两胜一负的成绩保持第二名的位置，中国台北队和越南队分获三、四名。

1964，以色列成功"复辟"

1964年举行的第三届亚洲杯足球赛由以色列承办，本届比赛吸引了16支球队赴会。

四强赛采用单循环赛制，结果前两届均与冠军奖杯失之交臂的主道主以色列队这次终于笑到了最后，东道主球队分别以1:0、2:0和2:1击败了香港、印度和韩国队，以三战全胜的战绩从韩国人手中夺走了奖杯；名不见经传的印度队以两胜一负位居第二；前两届冠军得主韩国队仅在香港队身上取得胜利，退居第三名；三战皆负的香港队在四强战中垫底。

1968，伊朗队笑到最后

第四届亚洲杯赛1968年在伊朗德黑兰举行，有14支球队报名参加预赛。

以前两届一样，这届仍然是东道主球队的天下，在家门口作战的伊朗队无坚不摧，四战皆捷勇夺"亚洲杯"，列二到五位的分别是缅甸、以色列、中国台北和香港。

1972，阿拉伯人加入

从1972年的第五届赛事起，亚洲足球"沙漠地区"的阿拉伯国家开始踊跃报名参赛，已有16年历史的亚洲杯足球赛终于成为真正意义上的"亚洲杯"。

曼谷决战采用了新赛制，6支球队分为两个小组，在第一小组中，伊朗队两战两胜摘得小组头名，泰国队依靠净胜球的优势压倒伊拉克队占得次席；第二小组中出现了三队积分相同的情况，韩国和柬埔寨以净胜球的优势幸运晋级，新旅科威特队痛失出线权。半决赛争夺得异常激烈，实力高出一筹的伊朗和韩国最终在决赛相遇，伊朗队依靠加时赛中的一粒金子般的进球，连续第二次获得亚洲杯。

1976，中国队走进"亚洲杯"

时隔八年后，亚洲杯足球赛再次把战场摆到了伊朗德黑兰。此届比赛共吸引了17支球队，创造了亚洲杯的纪录。更值得一提的是，中国队首次出现在亚洲杯赛场上。

由于泰国队、朝鲜队和沙特队相继宣布弃权，参加决赛阶段比赛的球队最后只剩下六支。中国队首战1:1平马来西亚队，次战0:1不敌科威特队。以小组第



图4.56 亚洲杯完成效果5（b）

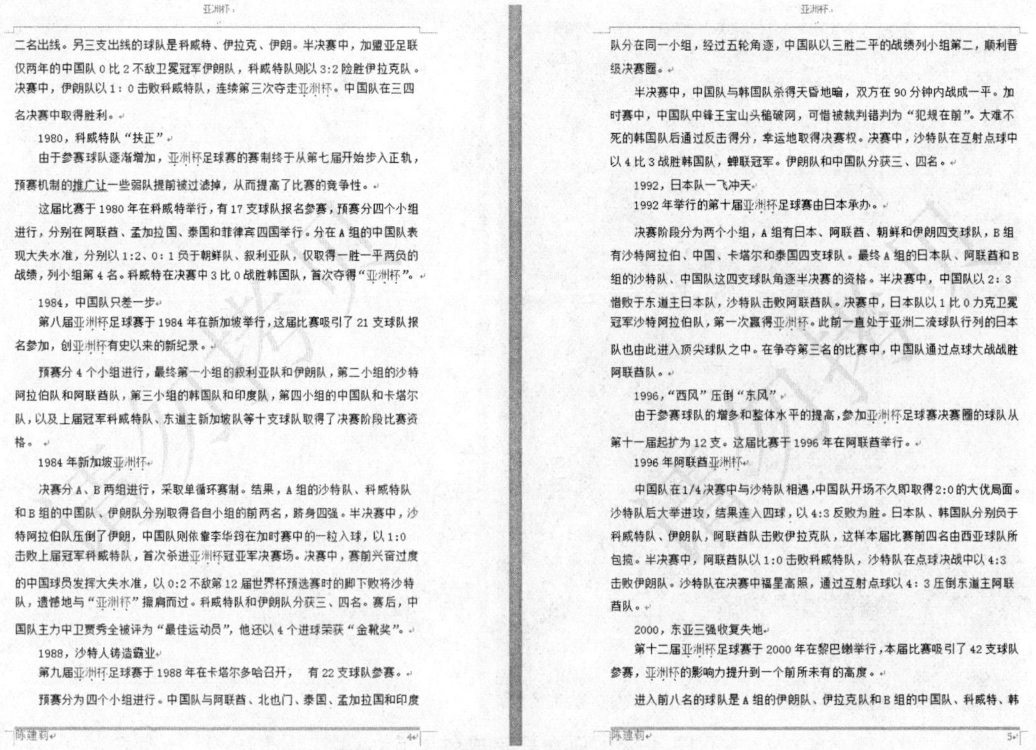

亚洲杯

二名出线。另三支出线的球队是科威特、伊拉克、伊朗。半决赛中，加盟亚足联仅两年的中国队0比2不敌卫冕冠军伊朗队，科威特队则以3:2险胜伊拉克队。决赛中，伊朗队以1:0击败科威特队，连续第三次夺走亚洲杯。中国队在三四名决赛中取得胜利。

1980，科威特队"扶正"

由于参赛球队逐渐增加，亚洲杯足球赛的赛制终于从第七届开始步入正轨，预赛机制的推广让一些弱队提前被过滤掉，从而提高了比赛的竞争性。

这届比赛于1980年在科威特举行，有17支球队报名参赛，预赛分四个小组进行，分别在阿联酋、孟加拉国、泰国和菲律宾四国举行。分在A组的中国队表现大失水准，分别以1:2、0:1负于朝鲜队、叙利亚队，仅取得一胜一平两负的战绩，列小组第4名。科威特在决赛中3比0战胜韩国队，首次夺得"亚洲杯"。

1984，中国队只差一步

第八届亚洲杯足球赛于1984年在新加坡举行，这届比赛吸引了21支球队报名参加，创亚洲杯有史以来的新纪录。

预赛分4个小组进行，最终第一小组的叙利亚队和伊朗队，第二小组的沙特阿拉伯队和阿联酋队，第三小组的韩国队和印度队，第四小组的中国队和卡塔尔队，以及上届冠军科威特队、东道主新加坡队等十支球队取得了决赛阶段比赛资格。

1984年新加坡亚洲杯

决赛分A、B两组进行，采取单循环赛制。结果，A组的沙特队、科威特队和B组的中国队、伊朗队分别取得各自小组的前两名，跻身四强。半决赛中，沙特阿拉伯队压倒了伊朗，中国队则依靠李华筠在加时赛中的一粒入球，以1:0击败上届冠军科威特队，首次杀进亚洲杯冠亚军决赛场。决赛中，赛前兴奋过度的中国球员发挥大失水准，以0:2不敌第12届世界杯预选赛时的脚下败将沙特队，遗憾地与"亚洲杯"擦肩而过。科威特队和伊朗队分获三、四名。赛后，中国队主力中卫贾秀全被评为"最佳运动员"，他还以4个进球荣获"金靴奖"。

1988，沙特人铸造霸业

第九届亚洲杯足球赛于1988年在卡塔尔多哈召开， 有22支球队参赛。

预赛分为四个小组进行。中国队与阿联酋、北也门、泰国、孟加拉国和印度



亚洲杯

队分在同一小组，经过五轮角逐，中国队以三胜二平的战绩列小组第二，顺利晋级决赛圈。

半决赛中，中国队与韩国队杀得天昏地暗，双方在90分钟内战成一平。加时赛中，中国队中锋王宝山头槌破网，可惜被裁判错判为"犯规在前"。大难不死的韩国队后通过反击得分，幸运地取得决赛权。决赛中，沙特队在互射点球中以4比3战胜韩国队，蝉联冠军。伊朗队和中国队分获三、四名。

1992，日本队一飞冲天

1992年举行的第十届亚洲杯足球赛由日本承办。

决赛阶段分为两个小组，A组有日本、阿联酋、朝鲜和伊朗四支球队，B组有沙特阿拉伯、中国、卡塔尔和泰国四支球队。最终A组的日本队、阿联酋和B组的沙特队、中国队这四支球队角逐半决赛的资格。半决赛中，中国队以2:3惜败于东道主日本队，沙特队击败阿联酋队。决赛中，日本队以1比0力克卫冕冠军沙特阿拉伯队，第一次赢得亚洲杯。此前一直处于亚洲二流球队行列的日本队也由此进入顶尖球队之中。在争夺第三名的比赛中，中国队通过点球大战战胜阿联酋队。

1996，"西风"压倒"东风"

由于参赛球队的增多和整体水平的提高，参加亚洲杯足球赛决赛圈的球队从第十一届起扩为12支。这届比赛于1996年在阿联酋举行。

1996年阿联酋亚洲杯

中国队在1/4决赛中与沙特队相遇，中国队开场不久即取得2:0的大优局面。沙特队后大举进攻，结果连入四球，以4:3反败为胜。日本队、韩国队分别负于科威特队、伊朗队，阿联酋队击败伊拉克队，这样本届比赛前四名由西亚球队所包揽。半决赛中，阿联酋队以1:0击败科威特队，沙特队在点球决战中以4:3击败伊朗队。沙特队在决赛中福星高照，通过互射点球以4:3压倒东道主阿联酋队。

2000，东亚三强收复失地

第十二届亚洲杯足球赛于2000年在黎巴嫩举行，本届比赛吸引了42支球队参赛，亚洲杯的影响力提升到一个前所未有的高度。

进入前八名的球队是A组的伊朗队、伊拉克队和B组的中国队、科威特、韩



图4.56 亚洲杯完成效果5（c）

国队以及C组的日本队、沙特队和卡塔尔队。1/4决赛中，中国队3:1击溃卡塔尔队，杀进四强。韩国2:1击败伊朗队，日本队4:1大胜伊拉克队，沙特队3:2险胜科威队，这三支球队也取得了半决赛资格。在与日本队的半决赛中，中国队重演1992年的一幕，以2:3惜败。沙特队2:1击败韩国队。和1992年一样，日本队在决赛中依然以1:0气走上届冠军沙特队，第二次捧杯。在三、四决赛中，中国队0:1不敌韩国队，最终名列第四。

2004，中国首次担任“东道主”

详见：2004年中国亚洲杯

第十三届亚洲杯足球赛于2004年在中国举行，亚洲足球首次回到了它的发源地。

本次亚洲杯赛决赛阶段的比赛首次“扩军”，参赛球队数量将从过去的12支扩大到16支。这16支球队分成4个小组在中国的北京、成都、重庆、济南4个城市进行小组赛。

预选赛共分为两个阶段进行。亚足联根据国际足联的最新排名，除东道主中国和上届冠军日本队外的41支报名参赛球队被分到各个组别，先将41支队伍分成四档，关岛、孟加拉国等20支“弱队”，被先安排到7个小组首先进行第一阶段的预选赛，每个小组的第一名获得参加第二阶段的资格赛。

2004年中国亚洲杯

韩国、伊朗、沙特、卡塔尔、伊拉克、乌兹别克斯坦、阿联酋7支强队，以种子队身份直接进入到第二阶段资格赛的7个小组中。然后再将泰国、巴林、也门、阿曼等第二档次的7支球队再抽到各组中。

最终，中国、日本、伊拉克、泰国、科威特、伊朗、韩国、印度尼西亚、约旦、沙特、卡塔尔、乌兹别克斯坦、阿曼、土库曼斯坦、阿联酋、巴林等16支球队获得参加第十三届亚洲杯正赛的资格，其中土库曼斯坦队得益于扩军，首次参加亚洲杯决赛阶段比赛。

中国队凭借东道主优势，在比赛中高歌猛进，一路杀入决赛，可惜最后遗憾





的1:3不敌日本队，最后继1984年后再次屈居亚军。

日本队则首次蝉联冠军，也将冠军数增加到了3次，成为夺冠次数最多的球队之一。

2007，伊拉克重回亚洲巅峰

详见：2007年东南亚四国亚洲杯（2007年亚洲杯足球赛）

第十四届亚洲杯足球赛2007年在印度尼西亚、马来西亚、泰国、越南举行，这是亚洲杯首次由一个以上国家联合主办，继欧洲杯和世界杯后，亚洲杯也随潮流进行了联合举办。

这届亚洲杯也是澳大利亚在正式进入亚足联后，首次参加亚洲杯足球赛，澳大利亚人将给亚洲足球带来新的东西。

此外，原本由1956年创办的亚洲杯以每四年举行一届，但直到应该在2008年举办的第十四届亚洲杯上，为了避免与欧洲国家杯及奥运会这两项国际重大体育赛事的赛期冲突，亚足联决定改变传统，将比赛提前一年至2007年举行，之后继续每四年举行一次赛事。

伊拉克首夺亚洲杯

有了如此多的看点，这届亚洲杯注定会成为不一样的一届赛事。

中国队在本届赛事中发挥极不理想，小组赛中，中国5:1马来西亚 中国2:2伊朗 中国0:3乌兹别克斯坦，最后位居小组第三，继1980年的第七届亚洲杯后，中国队27年来首次小组未出线。

首次参加亚洲杯的澳大利亚队在1/4决赛中与卫冕冠军日本队相遇，在90分钟1:1战平后，双方在加时赛中均无建树；最后日本队通过点球大战以5:4战胜对手，澳大利亚人首次亚洲杯之旅饮恨而归。

伊拉克队在参加本届亚洲杯前虽获得了2004雅典奥运会第四名和2006亚运会亚军，但仍不被广大业内人士和球迷看好，但他们却在小组赛中3-1战胜澳大利亚，半决赛点杀韩国，决赛1-0力擒阿拉伯兄弟沙特，首次捧得亚洲杯冠军。这也是伊拉克队在1982年亚运会夺冠后又一次登上亚洲之巅。

2011，亚洲新霸主诞生

2011年亚洲杯足球赛于1月7日至1月29日在卡塔尔举行。这是第15届亚洲杯，也是卡塔尔第二次承办亚洲杯足球赛，另外一次是1988年卡塔尔亚洲



图4.56　亚洲杯完成效果5（d）



杯。中国队在本届赛事中仍未能小组出线，小组赛中第一场中国队2:0胜科威特，第二场对阵卡塔尔，以0:2告负。最后一场2:2平乌兹别克，小组赛1胜1平1负积4分，位列小组第三，无缘八强。

2015，澳大利亚首次举办亚洲杯

第16届亚洲杯于2015年1月4日-26日在澳大利亚的悉尼、堪培拉、墨尔本和布里斯班、黄金海岸这五个城市城市举行

北京时间2011年1月5日，哈曼代表亚足联在多哈正式宣布，四年后的2015年亚洲杯将在澳大利亚举行。这次申办2015年亚洲杯，澳大利亚是惟一申办国，因此得以顺利得手。

**2 历届赛事一览**

**历届赛事一览表**

• Table 1

| 类别<br>名称 | 年份 | 主办国/地区 | 冠军 | 比分 | 亚军 | 季军 | 比分 | 殿军 |
|---|---|---|---|---|---|---|---|---|
| 亚洲杯 | 1956年 | 中国香港 | 韩国 | | 以色列 | 中国香港 | | |
| | 1960年 | 韩国 | 韩国 | | 以色列 | 中华台北 | | |
| | 1964年 | 以色列 | 以色列 | | 印度 | 韩国 | | |
| | 1968年 | 伊朗 | 伊朗 | | 缅甸 | 以色列 | | |
| | 1972年 | 泰国 | 伊朗 | 2-1加时赛 | 韩国 | 泰国 | 2-2加时赛<br>5-3点球 | 高棉共和国 |
| | 1976年 | 伊朗 | 伊朗 | 1-0 | 科威特 | 中国 | 1-0 | 伊拉克 |
| | 1980年 | 科威特 | 科威特 | 3-0 | 韩国 | 伊朗 | 3-0 | 朝鲜 |
| | 1984年 | 新加坡 | 沙特阿拉伯 | 2-0 | 中国 | 科威特 | 1-1加时赛<br>5-3点球 | 伊朗 |
| | 1988年 | 卡塔尔 | 沙特阿拉伯 | 0-0加时赛<br>4-3点球 | 韩国 | 伊朗 | 0-0加时赛<br>3-0点球 | 中国 |
| | 1992年 | 日本 | 日本 | 1-0 | 沙特阿拉伯 | 中国 | 1-1加时赛<br>4-3点球 | 阿联酋 |
| | 1996年 | 阿联酋 | 沙特阿拉伯 | 0-0加时赛<br>4-2点球 | 阿联酋 | 伊朗 | 1-1加时赛<br>3-2点球 | 科威特 |





| 类别<br>名称 | 年份 | 主办国/地区 | 冠军 | 比分 | 亚军 | 季军 | 比分 | 殿军 |
|---|---|---|---|---|---|---|---|---|
| | 2000年 | 黎巴嫩 | 日本 | 1-0 | 沙特阿拉伯 | 韩国 | 1-0 | 中国 |
| | 2004年 | 中国 | 日本 | 3-1 | 中国 | 伊朗 | 4-2 | 巴林 |
| | 2007年 | 印尼<br>马来西亚<br>泰国<br>越南 | 伊拉克 | 1-0 | 沙特阿拉伯 | 韩国 | 0-0加时赛<br>6-5点球 | 日本 |
| | 2011年 | 卡塔尔 | 日本 | 1-0加时赛 | 澳大利亚 | 韩国 | 3-2 | 乌兹别克斯坦 |
| | 2015年 | 澳大利亚 | | | | | | |

**3 赛事统计**

获奖统计

【冠军次数】

4次 日本（1992、2000、2004、2011）

3次 伊朗（1968、1972、1976），沙特（1984、1988、1996）

2次 韩国（1956、1960）

1次 以色列（1964），科威特（1980），伊拉克（2007）

【亚军次数】

3次 韩国（1972、1980、1988），沙特（1992、2000、2007）

2次 以色列（1956、1960），中国（1984、2004）

1次 印度（1964），缅甸（1968），科威特（1976），阿联酋（1996），澳大利亚（2011）

【季军次数】

4次 伊朗（1980、1988、1996、2004），韩国（1964、2000、2007、2011）

2次 中国（1976、1992）

1次 中国香港（1956），中华台北（1960），以色列（1968），泰国（1972），科威特（1984）

殿军次数

2次 越南（1956、1960），中国（1988、2000）

1次 中国香港（1964），中华台北（1968），柬埔寨（1972），伊拉克（1976），朝鲜（1980），伊朗（1984），阿联酋（1992），科威特（1996），巴林（2004），



图4.56　亚洲杯完成效果5（e）

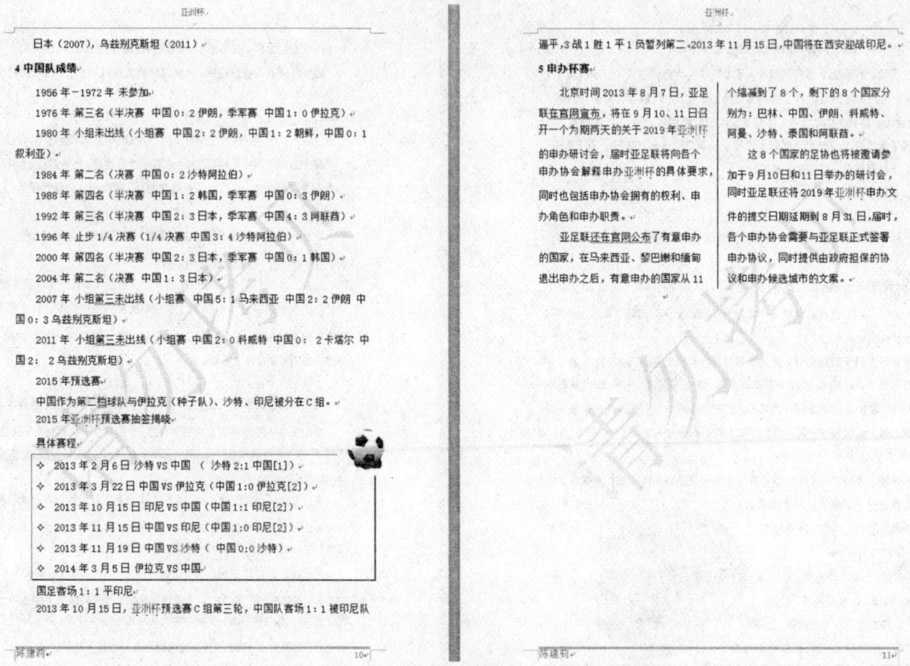

亚洲杯

日本（2007），乌兹别克斯坦（2011）

**4 中国队成绩**

1956 年－1972 年 未参加

1976 年 第三名（半决赛 中国 0：2 伊朗，季军赛 中国 1：0 伊拉克）

1980 年 小组未出线（小组赛 中国 2：2 伊朗，中国 1：2 朝鲜，中国 0：1 叙利亚）

1984 年 第二名（决赛 中国 0：2 沙特阿拉伯）

1988 年 第四名（半决赛 中国 1：2 韩国，季军赛 中国 0：3 伊朗）

1992 年 第三名（半决赛 中国 2：3 日本，季军赛 中国 4：3 阿联酋）

1996 年 止步 1/4 决赛（1/4 决赛 中国 3：4 沙特阿拉伯）

2000 年 第四名（半决赛 中国 2：3 日本，季军赛 中国 0：1 韩国）

2004 年 第二名（决赛 中国 1：3 日本）

2007 年 小组第三未出线（小组赛 中国 5：1 马来西亚 中国 2：2 伊朗 中国 0：3 乌兹别克斯坦）

2011 年 小组第三未出线（小组赛 中国 2：0 科威特 中国 0： 2 卡塔尔 中国 2： 2 乌兹别克斯坦）

2015 年预选赛

中国作为第二档球队与伊拉克（种子队）、沙特、印尼被分在 C 组。

2015 年亚洲杯预选赛抽签揭晓

具体赛程

- 2013 年 2 月 6 日 沙特 VS 中国 （ 沙特 2:1 中国[1]）
- 2013 年 3 月 22 日 中国 VS 伊拉克（中国 1:0 伊拉克[2]）
- 2013 年 10 月 15 日 印尼 VS 中国（中国 1:1 印尼[2]）
- 2013 年 11 月 15 日 中国 VS 印尼（中国 1:0 印尼[2]）
- 2013 年 11 月 19 日 中国 VS 沙特（ 中国 0:0 沙特）
- 2014 年 3 月 5 日 伊拉克 VS 中国

国足客场 1：1 平印尼

2013 年 10 月 15 日，亚洲杯预选赛 C 组第三轮，中国队客场 1：1 被印尼队

陈建莉 10

亚洲杯

逼平，3 战 1 胜 1 平 1 负暂列第二。2013 年 11 月 15 日，中国将在西安迎战印尼。

**5 申办杯赛**

北京时间 2013 年 8 月 7 日，亚足联在官网宣布，将在 9 月 10、11 日召开一个为期两天的关于 2019 年亚洲杯的申办研讨会，届时亚足联将向各个申办协会解释申办亚洲杯的具体要求，同时也包括申办协会拥有的权利、申办角色和申办职责。

亚足联还在官网公布了有意申办的国家，在马来西亚、黎巴嫩和缅甸退出申办之后，有意申办的国家从 11 个缩减到了 8 个，剩下的 8 个国家分别为：巴林、中国、伊朗、科威特、阿曼、沙特、泰国和阿联酋。

这 8 个国家的足协也将被邀请参加于 9 月 10 日和 11 日举办的研讨会，同时亚足联还将 2019 年亚洲杯申办文件的提交日期延期到 8 月 31 日，届时，各个申办协会需要与亚足联正式签署申办协议，同时提供由政府担保的协议和申办候选城市的文案。

陈建莉 11

图 4.56 亚洲杯完成效果 5（f）

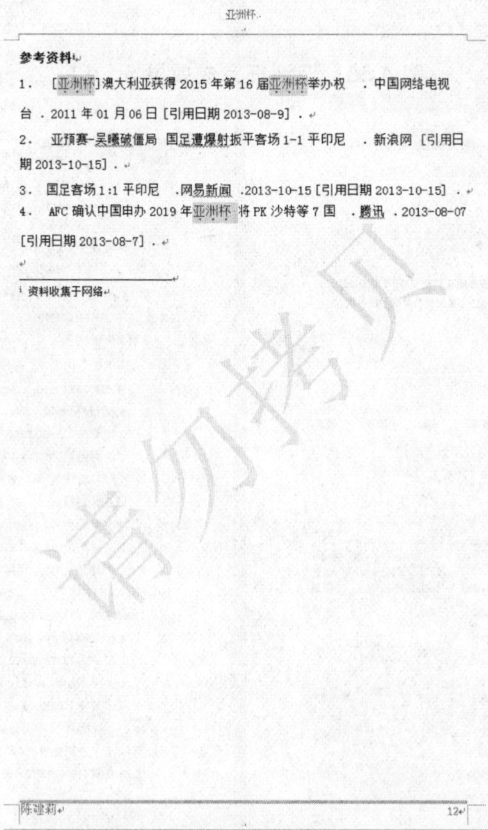

亚洲杯

**参考资料**

1． [亚洲杯]澳大利亚获得 2015 年第 16 届亚洲杯举办权 ．中国网络电视台．2011 年 01 月 06 日 [引用日期 2013-08-9]．

2． 亚预赛-吴曦破僵局 国足遭爆射扳平客场 1-1 平印尼 ．新浪网 [引用日期 2013-10-15]．

3． 国足客场 1:1 平印尼 ．网易新闻 ．2013-10-15 [引用日期 2013-10-15]．

4． AFC 确认中国申办 2019 年亚洲杯 将 PK 沙特等 7 国 ．腾讯 ．2013-08-07 [引用日期 2013-08-7]．

i 资料收集于网络

陈建莉 12

图 4.56 亚洲杯完成效果 5（g）

（1）删除文中的艺术字。

（2）将文中第一个“亚”字取消“首字下沉”后段落设置格式设置为“首行缩进”2 个字符。

（3）选中“1 赛事简介”。单击【开始】选项卡的“样式”分组中右下角的按钮，打开“样式”任务窗格，单击“样式”任务窗格中左下角的“新建样式”按钮，弹出“根据格式设置创建新样式”对话框，按如图 4.57 所示新建自定义样式，并更改段落特殊格式为“无”。

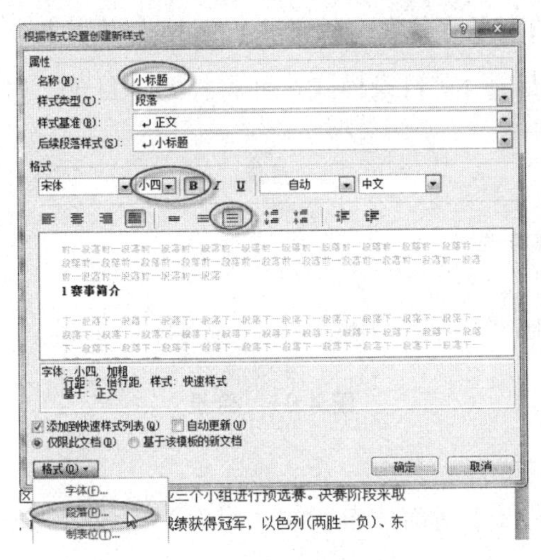


图 4.57 新建自定义样式

（4）设置其他同级标题。找到文中的“2 历届赛事一览”，单击“样式”窗格中刚才新建的“小标题”样式。用同样的方法设置“3 赛事统计”、“4 中国队成绩”、“5 申办杯赛”和“参考资料”。

（5）选中“小标题”样式。在“样式”窗格中选中“小标题”，如图 4.58 所示。

（6）添加文字。单击【引用】“目录”分组中的【添加文字】下拉列表选择“2 级”，如图 4.59 所示。

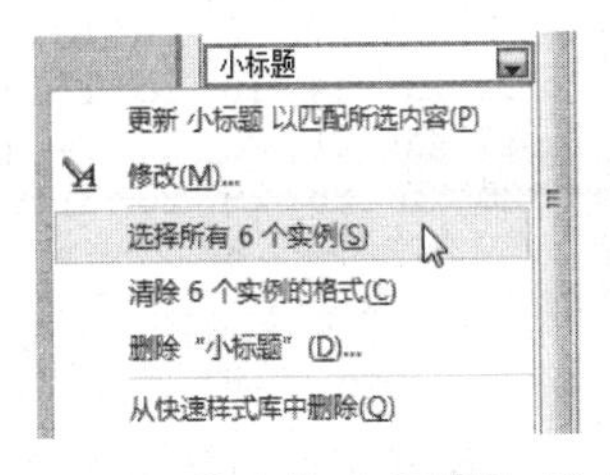

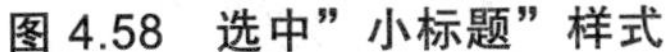

图 4.58 选中”小标题”样式

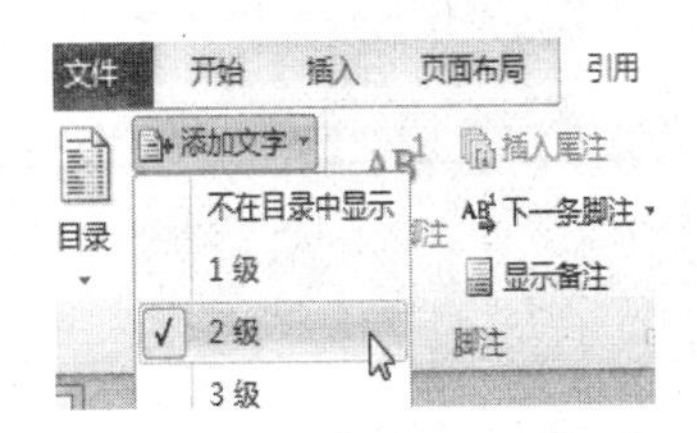


图 4.59 添加文字

（7）给表格加上题注。选中文中表格后右键单击鼠标，在打开的快捷菜单中选择“插入题注”命令，打开“题注”对话框，在标签中选择“Table”。

（8）加入尾注。将插入点定位在“参考资料”，在【引用】的“题注”分组中单击或【插入尾注】按钮，编辑尾注内容“资料收集于网络”。

（9）设置页眉页脚。

① 在【插入】选项卡“页眉和页脚”分组中单击的【页眉】页眉按钮，选择内置“空白”

样式，编辑页眉“亚洲杯”。

② 单击【插入】选项卡“页眉和页脚”分组中单击的【页脚】页脚图标，在其列表框中根据需要选择“新闻型”页脚样式，并编辑页码字号为“五号”，如图 4.60 所示。

陈建莉 1

图 4.60 页脚

（10）添加目录。将插入点定位在文档开头，选择【引用】→【目录】目录按钮，在弹出的下拉列表中选择“自动目录 1”目录模式。并将标题“目录”居中，如图 4.61 所示。

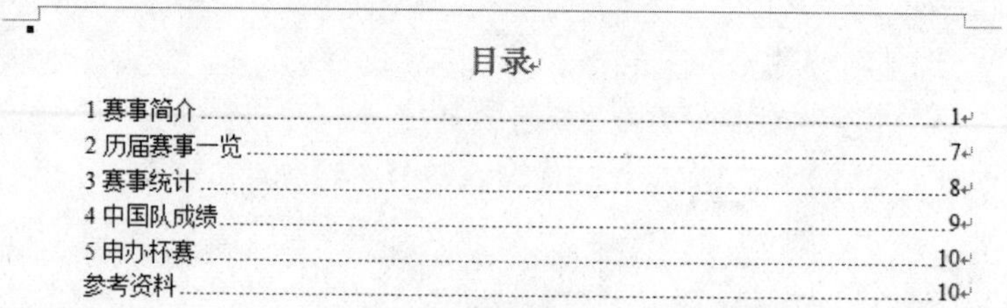

目录

1 赛事简介……1
2 历届赛事一览……7
3 赛事统计……8
4 中国队成绩……9
5 申办杯赛……10
参考资料……10

图 4.61 目录

（11）制作封面。

① 单击【插入】→【封面】封面按钮，在“封面”列表中选择“拼板型”封面样式，并根据所选模板编辑封面内容，如图 4.62 和图 4.63 所示。

图 4.62 制作封面图

图 4.63 选择年份

② 拖动控制点缩小右侧灰色图片后“键入公司名称”，然后再拖动控制点调整右侧灰色图片至原来大小。

（12）插入手动分页符。将插入点定位在“目录”后和“参考资料”前分别执行【插入】→【分页】命令。

（13）更新目录。选中目录后单击“更新目录”，弹出“更新目录”对话框，如图 4.64 所示。

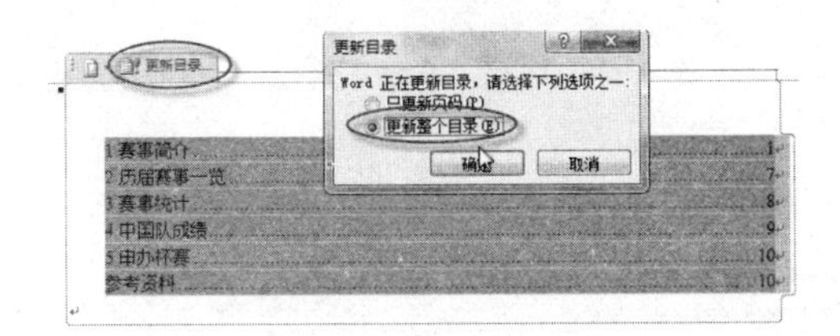


图 4.64　更新目录

（14）本任务完成后效果如电子文档“实训四 Word 2010 的应用\亚洲杯完成效果 5”或图 4.56（a）、（b）、（c）、（d）、（e）、（f）、（g）所示双页显示效果。

（15）将本文档编辑完成后，保存文档、按要求上传作业并上传至服务器中自己的存储空间或自行备份，以备下一任务继续使用。

## 课后实训

（1）下载上次课后实训内容，另存文件名为“课后实训 5”。

（2）实训要求：样式与格式、题注、尾注、页眉页脚、分页符、目录与封面，格式自行拟定。

（3）完成后按指导老师要求上传作业并上传至服务器中自己的存储空间或自行备份，以备下一任务继续使用。

# 任务七　文档打印

下载并打开上一任务作业，按照指导老师对文件名的要求进行重命名文档。可自行参照“实训四 Word 2010 的应用\亚洲杯完成效果 6”完成本任务，或参照如图 4.65（a）、（b）、（c）、（d）、（e）、（f）、（g）所示双页显示完成效果，其详细操作步骤如下：

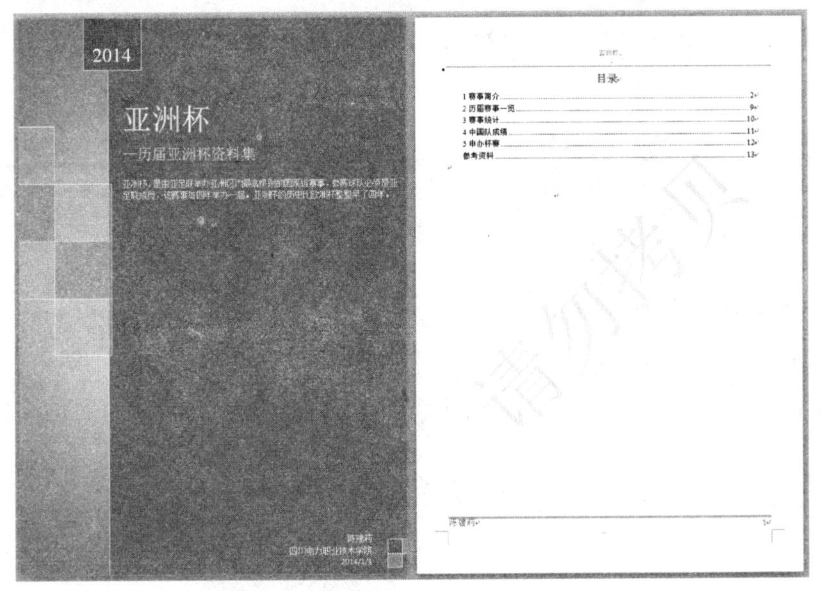


图 4.65　亚洲杯完成效果 6 (a)

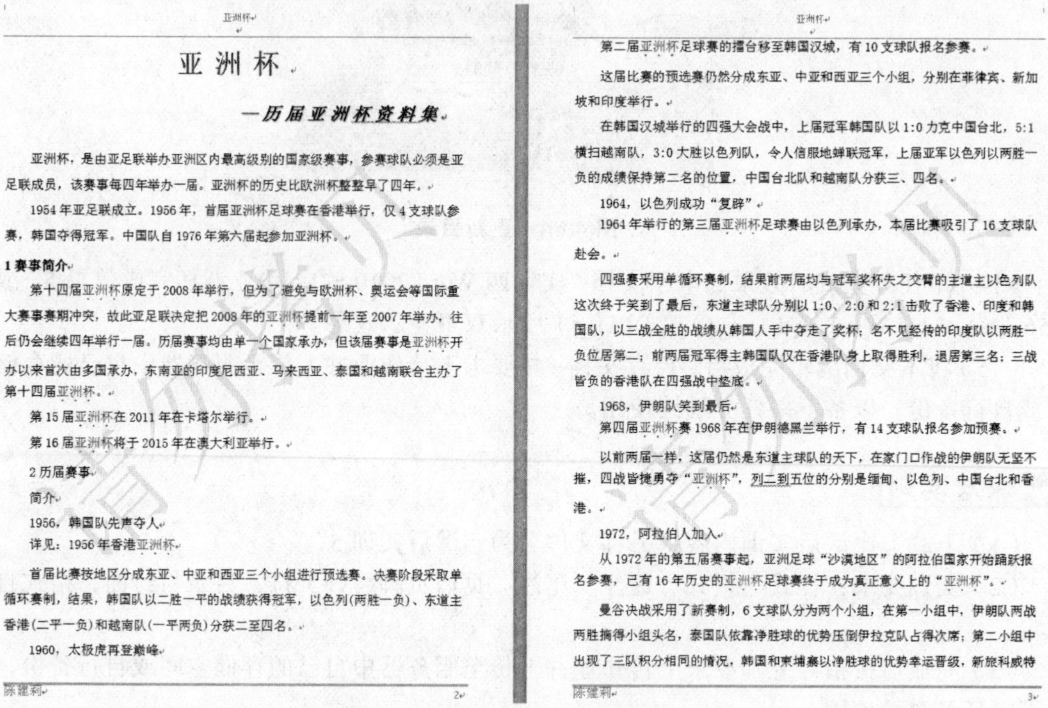

亚洲杯

# 亚 洲 杯

***—历届亚洲杯资料集***

亚洲杯，是由亚足联举办亚洲区内最高级别的国家级赛事，参赛球队必须是亚足联成员，该赛事每四年举办一届。亚洲杯的历史比欧洲杯整整早了四年。

1954年亚足联成立。1956年，首届亚洲杯足球赛在香港举行，仅4支球队参赛，韩国夺得冠军。中国队自1976年第六届起参加亚洲杯。

**1 赛事简介**

第十四届亚洲杯原定于2008年举行，但为了避免与欧洲杯、奥运会等国际重大赛事赛期冲突，故此亚足联决定把2008年的亚洲杯提前一年至2007年举办，往后仍会继续四年举行一届。历届赛事均由单一个国家承办，但该届赛事是亚洲杯开办以来首次由多国承办，东南亚的印度尼西亚、马来西亚、泰国和越南联合主办了第十四届亚洲杯。

第15届亚洲杯在2011年在卡塔尔举行。

第16届亚洲杯将于2015年在澳大利亚举行。

2 历届赛事

简介

1956，韩国队先声夺人

详见：1956年香港亚洲杯

首届比赛按地区分成东亚、中亚和西亚三个小组进行预选赛。决赛阶段采取单循环赛制，结果，韩国队以二胜一平的战绩获得冠军，以色列(两胜一负)、东道主香港(二平一负)和越南队(一平两负)分获二至四名。

1960，太极虎再登巅峰

陈建莉 2

亚洲杯

第二届亚洲杯足球赛的擂台移至韩国汉城，有10支球队报名参赛。

这届比赛的预选赛仍然分成东亚、中亚和西亚三个小组，分别在菲律宾、新加坡和印度举行。

在韩国汉城举行的四强大会战中，上届冠军韩国队以1:0力克中国台北，5:1横扫越南队，3:0大胜以色列队，令人信服地蝉联冠军，上届亚军以色列以两胜一负的成绩保持第二名的位置，中国台北队和越南队分获三、四名。

1964，以色列成功"复辟"

1964年举行的第三届亚洲杯足球赛由以色列承办，本届比赛吸引了16支球队赴会。

四强赛采用单循环赛制，结果前两届均与冠军奖杯失之交臂的主道主以色列队这次终于笑到了最后，东道主球队分别以1:0、2:0和2:1击败了香港、印度和韩国队，以三战全胜的战绩从韩国人手中夺走了奖杯；名不见经传的印度队以两胜一负位居第二；前两届冠军得主韩国队仅在香港队身上取得胜利，退居第三名；三战皆负的香港队在四强战中垫底。

1968，伊朗队笑到最后

第四届亚洲杯赛1968年在伊朗德黑兰举行，有14支球队报名参加预赛。

以前两届一样，这届仍然是东道主球队的天下，在家门口作战的伊朗队无坚不摧，四战皆捷勇夺"亚洲杯"，列二到五位的分别是缅甸、以色列、中国台北和香港。

1972，阿拉伯人加入

从1972年的第五届赛事起，亚洲足球"沙漠地区"的阿拉伯国家开始踊跃报名参赛，已有16年历史的亚洲杯足球赛终于成为真正意义上的"亚洲杯"。

曼谷决战采用了新赛制，6支球队分为两个小组，在第一小组中，伊朗队两战两胜摘得小组头名，泰国队依靠净胜球的优势压倒伊拉克队占得次席；第二小组中出现了三队积分相同的情况，韩国和柬埔寨以净胜球的优势幸运晋级，新旅科威特

陈建莉 3

图 4.65 亚洲杯完成效果 6（b）

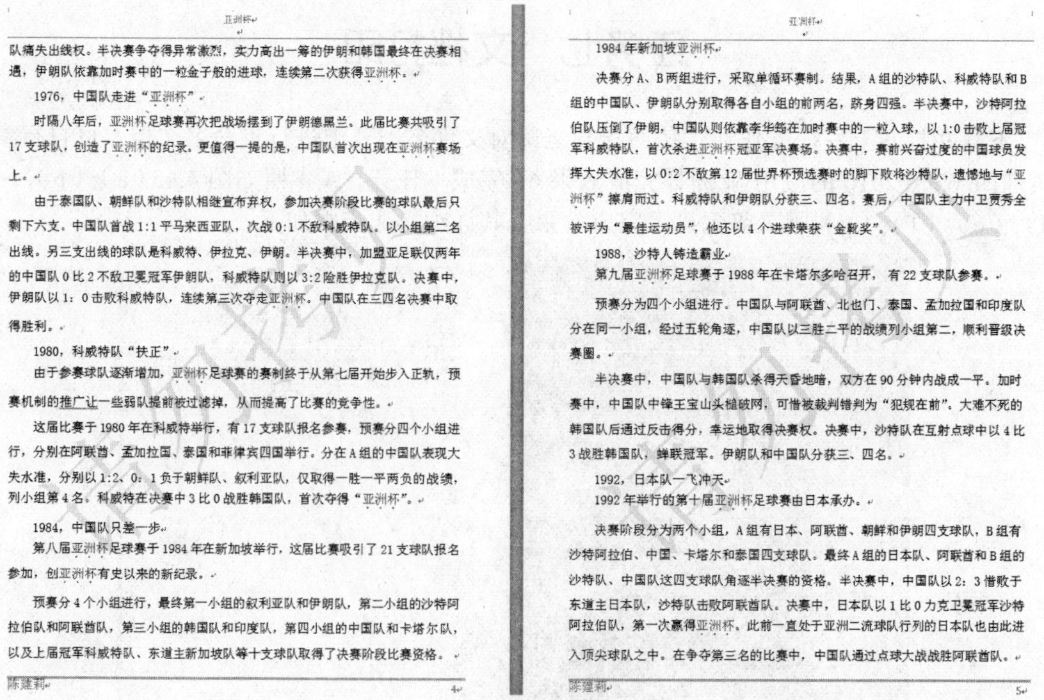

亚洲杯

队痛失出线权。半决赛争夺得异常激烈，实力高出一等的伊朗和韩国最终在决赛相遇，伊朗队依靠加时赛中的一粒金子般的进球，连续第二次获得亚洲杯。

1976，中国队走进"亚洲杯"

时隔八年后，亚洲杯足球赛再次把战场摆到了伊朗德黑兰。此届比赛共吸引了17支球队，创造了亚洲杯的纪录。更值得一提的是，中国队首次出现在亚洲杯赛场上。

由于泰国队、朝鲜队和沙特队相继宣布弃权，参加决赛阶段比赛的球队最后只剩下六支。中国队首战1:1平马来西亚队，次战0:1不敌科威特队。以小组第二名出线。另三支出线的球队是科威特、伊拉克、伊朗。半决赛中，加盟亚足联仅两年的中国队0比2不敌卫冕冠军伊朗队，科威特队则以3:2险胜伊拉克队。决赛中，伊朗队以1：0击败科威特队，连续第三次夺走亚洲杯。中国队在三四名决赛中取得胜利。

1980，科威特队"扶正"

由于参赛球队逐渐增加，亚洲杯足球赛的赛制终于从第七届开始步入正轨，预赛机制的推广让一些弱队提前被过滤掉，从而提高了比赛的竞争性。

这届比赛于1980年在科威特举行，有17支球队报名参赛，预赛分四个小组进行，分别在阿联酋、孟加拉国、泰国和菲律宾四国举行。分在A组的中国队表现大失水准，分别以1:2、0：1负于朝鲜队、叙利亚队，仅取得一胜一平两负的战绩，列小组第4名。科威特在决赛中3比0战胜韩国队，首次夺得"亚洲杯"。

1984，中国队只差一步

第八届亚洲杯足球赛于1984年在新加坡举行，这届比赛吸引了21支球队报名参加，创亚洲杯有史以来的新纪录。

预赛分4个小组进行，最终第一小组的叙利亚队和伊朗队，第二小组的沙特阿拉伯队和阿联酋队，第三小组的韩国队和印度队，第四小组的中国队和卡塔尔队，以及上届冠军科威特队、东道主新加坡队等十支球队取得了决赛阶段比赛资格。

陈建莉 4

亚洲杯

1984年新加坡亚洲杯

决赛分A、B两组进行，采取单循环赛制。结果，A组的沙特队、科威特队和B组的中国队、伊朗队分别取得各自小组的前两名，跻身四强。半决赛中，沙特阿拉伯队压倒了伊朗，中国队则依靠李华筠在加时赛中的一粒入球，以1:0击败上届冠军科威特队，首次杀进亚洲杯冠亚军决赛场。决赛中，赛前兴奋过度的中国球员发挥大失水准，以0:2不敌第12届世界杯预选赛时的脚下败将沙特队，遗憾地与"亚洲杯"擦肩而过。科威特队和伊朗队分获三、四名。赛后，中国队主力中卫贾秀全被评为"最佳运动员"，他还以4个进球荣获"金靴奖"。

1988，沙特人铸造霸业

第九届亚洲杯足球赛于1988年在卡塔尔多哈召开，有22支球队参赛。

预赛分为四个小组进行。中国队与阿联酋、北也门、泰国、孟加拉国和印度队分在同一小组，经过五轮角逐，中国队以三胜二平的战绩列小组第二，顺利晋级决赛圈。

半决赛中，中国队与韩国队杀得天昏地暗，双方在90分钟内战成一平。加时赛中，中国队中锋王宝山头槌破网，可惜被裁判错判为"犯规在前"。大难不死的韩国队后通过反击得分，幸运地取得决赛权。决赛中，沙特队在互射点球中以4比3战胜韩国队，蝉联冠军。伊朗队和中国队分获三、四名。

1992，日本队一飞冲天

1992年举行的第十届亚洲杯足球赛由日本承办。

决赛阶段分为两个小组，A组有日本、阿联酋、朝鲜和伊朗四支球队，B组有沙特阿拉伯、中国、卡塔尔和泰国四支球队。最终A组的日本队、阿联酋和B组的沙特队、中国队这四支球队角逐半决赛的资格。半决赛中，中国队以2：3惜败于东道主日本队，沙特队击败阿联酋队。决赛中，日本队以1比0力克卫冕冠军沙特阿拉伯队，第一次赢得亚洲杯。此前一直处于亚洲二流球队行列的日本队也由此进入顶尖球队之中。在争夺第三名的比赛中，中国队通过点球大战战胜阿联酋队。

陈建莉 5

图 4.65 亚洲杯完成效果 6（c）

亚洲杯

1996，“西风”压倒“东风”

由于参赛球队的增多和整体水平的提高，参加亚洲杯足球赛决赛圈的球队从第十一届起扩为12支。这届比赛于1996年在阿联酋举行。

1996年阿联酋亚洲杯

中国队在1/4决赛中与沙特队相遇，中国队开场不久即取得2:0的大优局面。沙特队后大举进攻，结果连入四球，以4:3反败为胜。日本队、韩国队分别负于科威特队、伊朗队，阿联酋击败伊拉克队，这样本届比赛前四名由西亚球队所包揽。半决赛中，阿联酋队以1:0击败科威特队，沙特队在点球决战中以4:3击败伊朗队。沙特队在决赛中福星高照，通过互射点球以4：3压倒东道主阿联酋队。

2000，东亚三强收复失地

第十二届亚洲杯足球赛于2000年在黎巴嫩举行，本届比赛吸引了42支球队参赛，亚洲杯的影响力提升到一个前所未有的高度。

进入前八名的球队是A组的伊朗队、伊拉克队和B组的中国队、科威特、韩国队以及C组的日本队、沙特队和卡塔尔队。1/4决赛中，中国队3:1击溃卡塔尔队，杀进四强。韩国2:1击败伊朗队，日本队4:1大胜伊拉克队，沙特队3:2险胜科威队，这三支球队也取得了半决赛资格。在与日本队的半决赛中，中国队重演1992年的一幕，以2:3惜败。沙特队2:1击败韩国队。和1992年一样，日本队在决赛中依然以1:0气走上届冠军沙特队，第二次捧杯。在三、四决赛中，中国队0:1不敌韩国队，最终名列第四。

2004，中国首次担任“东道主”

详见：2004年中国亚洲杯

第十三届亚洲杯足球赛于2004年在中国举行，亚洲足球首次回到了它的发源地。

本次亚洲杯赛决赛阶段的比赛首次“扩军”，参赛球队数量将从过去的12支扩大到16支。这16支球队分成4个小组在中国的北京、成都、重庆、济南4个城市

陈建莉　6

亚洲杯

进行小组赛。

预选赛共分为两个阶段进行。亚足联根据国际足联的最新排名，除东道主中国和上届冠军日本队外的41支报名参赛球队被分到各个组别，先将41支队伍分成四档，关岛、孟加拉国等20支“弱队”，被先安排到7个小组首先进行第一阶段的预选赛，每个小组的第一名获得参加第二阶段的资格赛。

2004年中国亚洲杯

韩国、伊朗、沙特、卡塔尔、伊拉克、乌兹别克斯坦、阿联酋7支强队，以种子队身份直接进入到第二阶段资格赛的7个小组中。然后再将泰国、巴林、也门、阿曼等第二档次的7支球队再抽到各组中。

最终，中国、日本、伊拉克、泰国、科威特、伊朗、韩国、印度尼西亚、约旦、沙特、卡塔尔、乌兹别克斯坦、阿曼、土库曼斯坦、阿联酋、巴林等16支球队获得参加第十三届亚洲杯正赛的资格，其中土库曼斯坦队得益于扩军，首次参加亚洲杯决赛阶段比赛。

中国队凭借东道主优势，在比赛中高歌猛进，一路杀入决赛，可惜最后遗憾的1:3不敌日本队，最后继1984年后再次屈居亚军。

日本队则首次蝉联冠军，也将冠军数增加到了3次，成为夺冠次数最多的球队之一。

2007，伊拉克重回亚洲巅峰

详见：2007年东南亚四国亚洲杯（2007年亚洲杯足球赛）

第十四届亚洲杯足球赛2007年在印度尼西亚、马来西亚、泰国、越南举行，这是亚洲杯首次由一个以上国家联合主办，继欧洲杯和世界杯后，亚洲杯也随潮流进行了联合举办。

陈建莉　7

图4.65　亚洲杯完成效果6（d）

亚洲杯

这届亚洲杯也是澳大利亚在正式进入亚足联后，首次参加亚洲杯足球赛，澳大利亚人将给亚洲足球带来新的东西。

此外，原本由1956年创办的亚洲杯以每四年举行一届，但直到应该在2008年举办的第十四届亚洲杯上，为了避免与欧洲国家杯及奥运会这两项国际重大体育赛事的赛期冲突，亚足联决定改变传统，将比赛提前一年至2007年举行，之后继续每四年举行一次赛事。

伊拉克首夺亚洲杯

有了如此多的看点，这届亚洲杯注定会成为不一样的一届赛事。

中国队在本届赛事中发挥极不理想，小组赛中，中国5:1马来西亚 中国2:2伊朗 中国0:3乌兹别克斯坦，最后位居小组第三，继1980年的第七届亚洲杯后，中国队27年来首次小组未出线。

首次参加亚洲杯的澳大利亚队在1/4决赛中与卫冕冠军日本队相遇，在90分钟1:1战平后，双方在加时赛中均无建树；最后日本队通过点球大战以5:4战胜对手，澳大利亚人首次亚洲杯之旅饮恨而归。

伊拉克队在参加本届亚洲杯前虽获得了2004雅典奥运会第四名和2006亚运会亚军，但仍不被广大业内人士和球迷看好，但他们却在小组赛中3-1战胜澳大利亚，半决赛点杀韩国，决赛1-0力擒阿拉伯兄弟沙特，首次捧得亚洲杯冠军。这也是伊拉克队在1982年亚运会夺冠后又一次登上亚洲之巅。

2011，亚洲新霸主诞生

2011年亚洲杯足球赛于1月7日至1月29日在卡塔尔举行。这是第15届亚洲杯，也是卡塔尔第二次承办亚洲杯足球赛，另外一次是1988年卡塔尔亚洲杯。中国队在本届赛事中仍未能小组出线，小组赛中第一场中国队2:0胜科威特，第二场对阵卡塔尔，以0:2告负。最后一场2:2平乌兹别克，小组赛1胜1平1负积4分，位列小组第三，无缘八强。

2015，澳大利亚首次举办亚洲杯

陈建莉　8

亚洲杯

第16届亚洲杯于2015年1月4日-26日在澳大利亚的悉尼、堪培拉、墨尔本和布里斯班、黄金海岸这五个城市城市举行。

北京时间2011年1月5日，哈曼代表亚足联在多哈正式宣布，四年后的2015年亚洲杯将在澳大利亚举行。这次申办2015年亚洲杯，澳大利亚是惟一申办国，因此得以顺利得手。

**2 历届赛事一览**

**历届赛事一览表**

Table 1

| 类别 / 名称 | 年份 | 主办国/地区 | 冠军 | 比分 | 亚军 | 季军 | 比分 | 殿军 |
|---|---|---|---|---|---|---|---|---|
| 亚洲杯 | 1956年 | 中国香港 | 韩国 | | 以色列 | 中国香港 | | |
| | 1960年 | 韩国 | 韩国 | | 以色列 | 中华台北 | | |
| | 1964年 | 以色列 | 以色列 | | 印度 | 韩国 | | |
| | 1968年 | 伊朗 | 伊朗 | | 缅甸 | 以色列 | | |
| | 1972年 | 泰国 | 伊朗 | 2-1 加时赛 | 韩国 | 泰国 | 2-2 加时赛 5-3 点球 | 高棉共和国 |
| | 1976年 | 伊朗 | 伊朗 | 1-0 | 科威特 | 中国 | 1-0 | 伊拉克 |
| | 1980年 | 科威特 | 科威特 | 3-0 | 韩国 | 伊朗 | 3-0 | 朝鲜 |
| | 1984年 | 新加坡 | 沙特阿拉伯 | 2-0 | 中国 | 科威特 | 1-1 加时赛 5-3 点球 | 伊朗 |
| | 1988年 | 卡塔尔 | 沙特阿拉伯 | 0-0 加时赛 4-3 点球 | 韩国 | 伊朗 | 0-0 加时赛 3-0 点球 | 中国 |
| | 1992年 | 日本 | 日本 | 1-0 | 沙特阿拉伯 | 中国 | 1-1 加时赛 4-3 点球 | 阿联酋 |

陈建莉　9

图4.65　亚洲杯完成效果6（e）

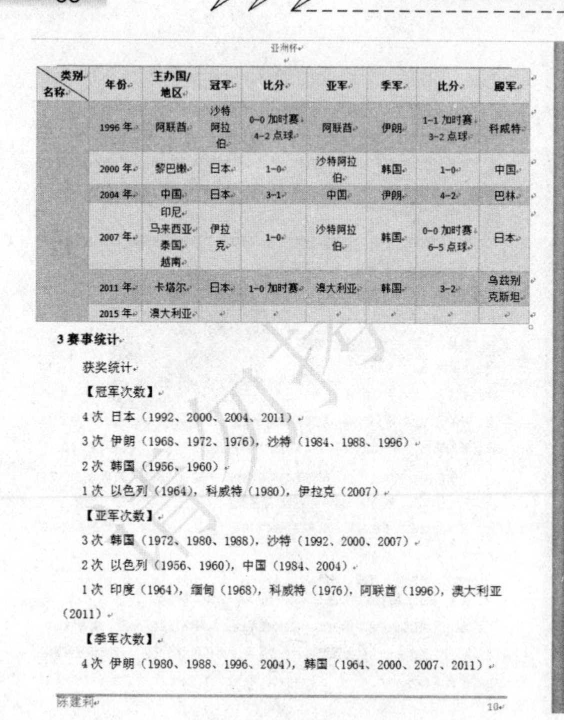
亚洲杯

| 类别/名称 | 年份 | 主办国/地区 | 冠军 | 比分 | 亚军 | 季军 | 比分 | 殿军 |
|---|---|---|---|---|---|---|---|---|
| | 1996 年 | 阿联酋 | 沙特阿拉伯 | 0-0 加时赛 4-2 点球 | 阿联酋 | 伊朗 | 1-1 加时赛 3-2 点球 | 科威特 |
| | 2000 年 | 黎巴嫩 | 日本 | 1-0 | 沙特阿拉伯 | 韩国 | 1-0 | 中国 |
| | 2004 年 | 中国 | 日本 | 3-1 | 中国 | 伊朗 | 4-2 | 巴林 |
| | 2007 年 | 印尼 马来西亚 泰国 越南 | 伊拉克 | 1-0 | 沙特阿拉伯 | 韩国 | 0-0 加时赛 6-5 点球 | 日本 |
| | 2011 年 | 卡塔尔 | 日本 | 1-0 加时赛 | 澳大利亚 | 韩国 | 3-2 | 乌兹别克斯坦 |
| | 2015 年 | 澳大利亚 | | | | | | |

3 赛事统计

获奖统计

【冠军次数】

4 次 日本（1992、2000、2004、2011）

3 次 伊朗（1968、1972、1976），沙特（1984、1988、1996）

2 次 韩国（1956、1960）

1 次 以色列（1964），科威特（1980），伊拉克（2007）

【亚军次数】

3 次 韩国（1972、1980、1988），沙特（1992、2000、2007）

2 次 以色列（1956、1960），中国（1984、2004）

1 次 印度（1964），缅甸（1968），科威特（1976），阿联酋（1996），澳大利亚（2011）

【季军次数】

4 次 伊朗（1980、1988、1996、2004），韩国（1964、2000、2007、2011）

陈建莉 10

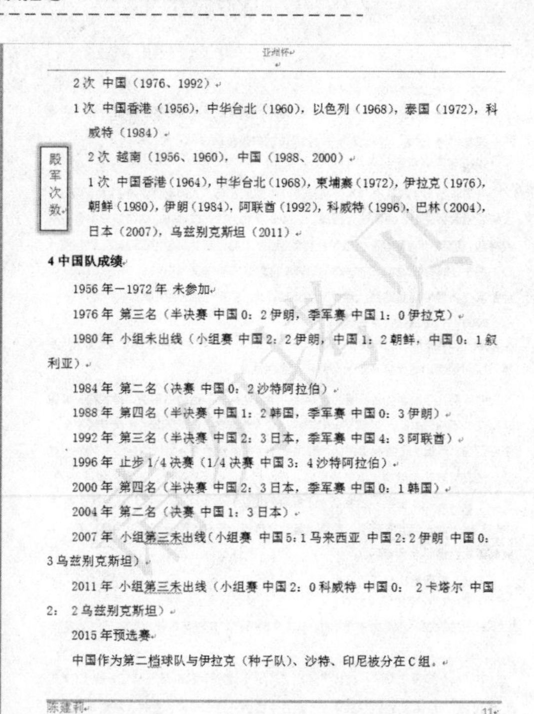
亚洲杯

2 次 中国（1976、1992）

1 次 中国香港（1956），中华台北（1960），以色列（1968），泰国（1972），科威特（1984）

殿军次数

2 次 越南（1956、1960），中国（1988、2000）

1 次 中国香港（1964），中华台北（1968），柬埔寨（1972），伊拉克（1976），朝鲜（1980），伊朗（1984），阿联酋（1992），科威特（1996），巴林（2004），日本（2007），乌兹别克斯坦（2011）

4 中国队成绩

1956 年—1972 年 未参加

1976 年 第三名（半决赛 中国 0：2 伊朗，季军赛 中国 1：0 伊拉克）

1980 年 小组未出线（小组赛 中国 2：2 伊朗，中国 1：2 朝鲜，中国 0：1 叙利亚）

1984 年 第二名（决赛 中国 0：2 沙特阿拉伯）

1988 年 第四名（半决赛 中国 1：2 韩国，季军赛 中国 0：3 伊朗）

1992 年 第三名（半决赛 中国 2：3 日本，季军赛 中国 4：3 阿联酋）

1996 年 止步 1/4 决赛（1/4 决赛 中国 3：4 沙特阿拉伯）

2000 年 第四名（半决赛 中国 2：3 日本，季军赛 中国 0：1 韩国）

2004 年 第二名（决赛 中国 1：3 日本）

2007 年 小组第三未出线（小组赛 中国 5：1 马来西亚 中国 2：2 伊朗 中国 0：3 乌兹别克斯坦）

2011 年 小组第三未出线（小组赛 中国 2：0 科威特 中国 0：2 卡塔尔 中国 2：2 乌兹别克斯坦）

2015 年预选赛

中国作为第二档球队与伊拉克（种子队）、沙特、印尼被分在 C 组。

陈建莉 11

图 4.65　亚洲杯完成效果 6（f）

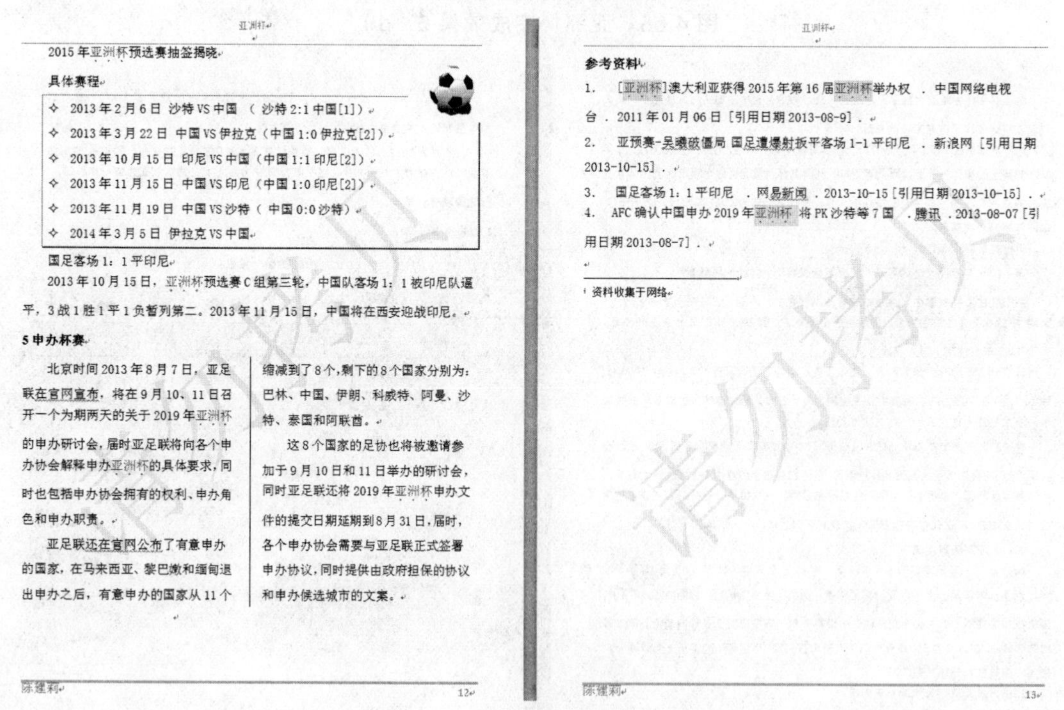
亚洲杯

2015 年亚洲杯预选赛抽签揭晓

具体赛程

- 2013 年 2 月 6 日 沙特 VS 中国 （沙特 2:1 中国[1]）
- 2013 年 3 月 22 日 中国 VS 伊拉克（中国 1:0 伊拉克[2]）
- 2013 年 10 月 15 日 印尼 VS 中国（中国 1:1 印尼[2]）
- 2013 年 11 月 15 日 中国 VS 印尼（中国 1:0 印尼[2]）
- 2013 年 11 月 19 日 中国 VS 沙特（中国 0:0 沙特）
- 2014 年 3 月 5 日 伊拉克 VS 中国

国足客场 1：1 平印尼

2013 年 10 月 15 日，亚洲杯预选赛 C 组第三轮，中国队客场 1：1 被印尼队逼平，3 战 1 胜 1 平 1 负暂列第二。2013 年 11 月 15 日，中国将在西安迎战印尼。

5 申办杯赛

北京时间 2013 年 8 月 7 日，亚足联在官网宣布，将在 9 月 10、11 日召开一个为期两天的关于 2019 年亚洲杯的申办研讨会，届时亚足联将向各个申办协会解释申办亚洲杯的具体要求，同时也包括申办协会拥有的权利、申办角色和申办职责。

亚足联还在官网公布了有意申办的国家，在马来西亚、黎巴嫩和缅甸退出申办之后，有意申办的国家从 11 个缩减到了 8 个，剩下的 8 个国家分别为：巴林、中国、伊朗、科威特、阿曼、沙特、泰国和阿联酋。

这 8 个国家的足协也将被邀请参加于 9 月 10 日和 11 日举办的研讨会，同时亚足联还将 2019 年亚洲杯申办文件的提交日期延期到 8 月 31 日，届时，各个申办协会需要与亚足联正式签署申办协议，同时提供由政府担保的协议和申办候选城市的文案。

陈建莉 12

亚洲杯

参考资料

1. [亚洲杯]澳大利亚获得 2015 年第 16 届亚洲杯举办权 . 中国网络电视台 . 2011 年 01 月 06 日 [引用日期 2013-08-9] .
2. 亚预赛-吴曦破僵局 国足遭爆射扳平客场 1-1 平印尼 . 新浪网 [引用日期 2013-10-15] .
3. 国足客场 1：1 平印尼 . 网易新闻 . 2013-10-15 [引用日期 2013-10-15] .
4. AFC 确认中国申办 2019 年亚洲杯 将 PK 沙特等 7 国 . 腾讯 . 2013-08-07 [引用日期 2013-08-7] .

[1] 资料收集于网络

陈建莉 13

图 4.65　亚洲杯完成效果 6（g）

（1）页面设置。在【页面布局】选项卡“页面设置”分组中单击右下角的按钮，打开“页面设置”对话框（在“纸张”选项卡中设置纸型为 16 开并应用于“整篇文档”），在“页边距”选项卡中设置页边距上下为 2 厘米、左右为 1.5 厘米，如图 4.66 和图 4.67 所示。

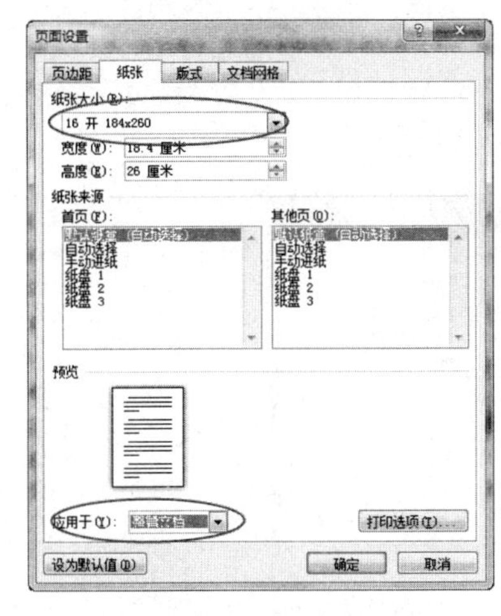


图 4.66　纸型

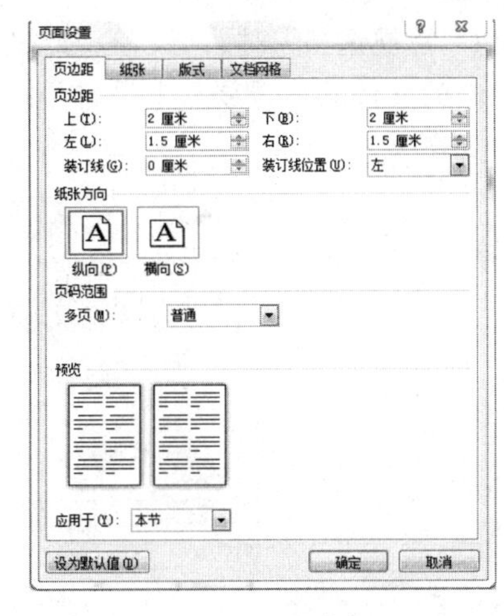


图 4.67　页边距

（2）打印预览及打印设置。选择【文件】→【打印】，出现打印设置界面，设置打印 2 份、第“2、3、6-14”页，调整打印顺序为“1、2、3”页，拖动右下角显示比例滑块实现对文档的双页预览，如图 4.68 所示。

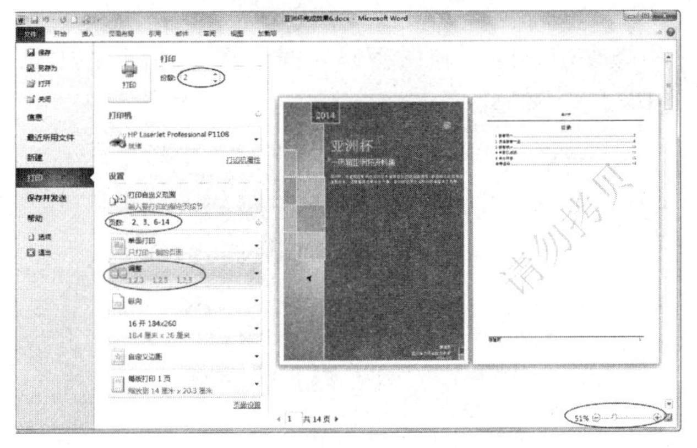


图 4.68　打印预览及打印设置

（3）保护文档。

① 【文件】→【另存为】，将弹出“另存为”对话框，点击该窗口左下角的“工具”并选择“常规选项”，如图 4.69 所示。

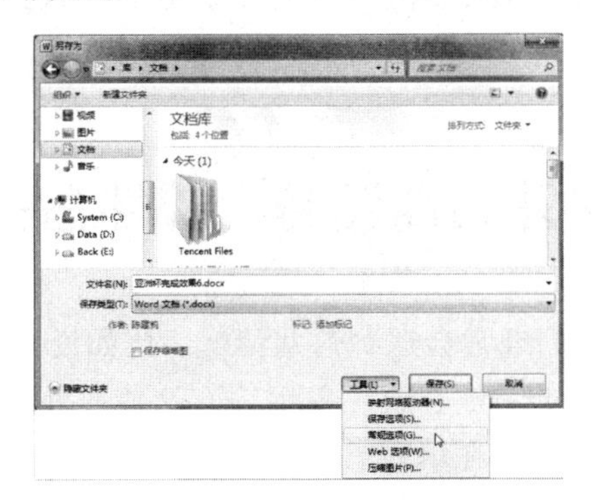


图 4.69　常规选项

② 弹出“常规选项”对话框，在“此文档的文件加密选项”下设置“打开文件时的密码”和在“此文档的文件共享选项”下设置“修改文件时的密码”，均设置为“1”，然后单击【确定】按钮，如图 4.70 所示。

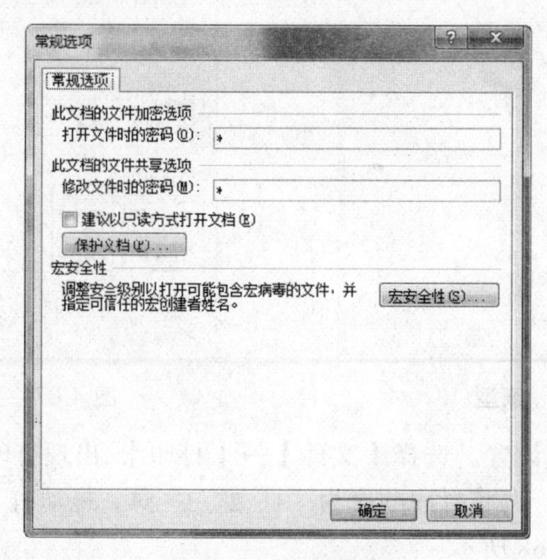


图 4.70 设置密码

③ 分别弹出打开和修改密码的“确认密码”对话框，如图 4.71 所示，再次正确输入刚才所设置的密码后，密码设置成功。

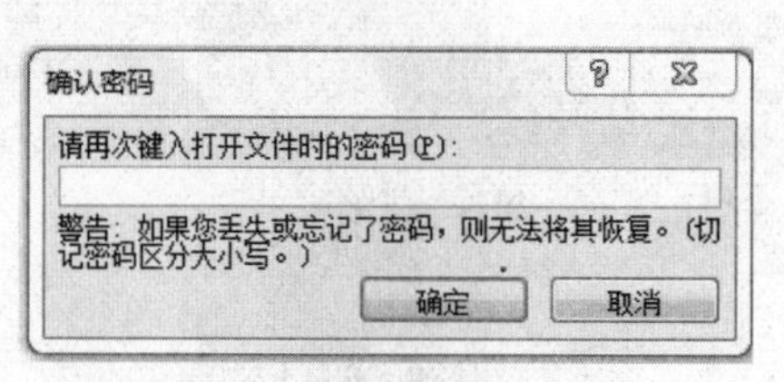


图 4.71 确认“打开”密码

**课后实训**

（1）下载上次课后实训内容，另存文件名为“课后实训 6”。

（2）实训要求：打印预览及打印设置、保护文档，格式自行拟定。

（3）完成后按指导老师要求上传作业并上传至服务器中自己的存储空间或自行备份，以备下一任务继续使用。

# 课外实训任务 邮件合并

在日常工作、生活中，我们经常会遇到这些情况，比如说：批量打印信封、信件、请柬、明信片、各类证书、工资条、准考证、成绩单等等，这些要处理的文件主要内容基本都是相同的，只是具体数据有变化而已。在填写大量格式相同，只修改少数相关内容，其他文档内容不变时，我们可以灵活运用 Word 邮件合并功能，不仅操作简单，而且还可以设置各种格式、打印效果又好。学习掌握邮件合并的功能，可以满足许多不同的需求且可以为以后在工作中节省不少时间。

在 Office 2010 中，先建立两个文档：一个 Word 文档，包括所有文件共有内容的主文档（比如未填写的信封等）；一个数据源，包括变化信息（填写的收件人、发件人、邮编等），可以是已有的 Excel 文档、Word 表格文档或数据库等，只要是一个标准的二维数表即可。然后使用邮件合并功能在主文档中插入变化的信息，合成后的文件，可以保存为 Word 文档，可以打印出来也可以以邮件形式发出去。

在此以使用“邮件合并向导”制作获奖证书为例，打开素材主文档“实训四 Word 2010 的应用\邮件合并\获奖证书”，如图 4.72 所示，其详细操作步骤如下：

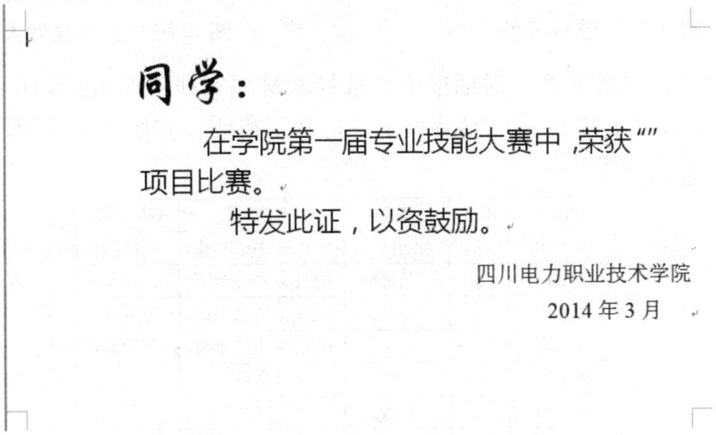

同学：

在学院第一届专业技能大赛中，荣获“”项目比赛。

特发此证，以资鼓励。

四川电力职业技术学院

2014 年 3 月

图 4.72 素材主文档“获奖证书”

（1）单击【邮件】→【开始邮件合并】→【邮件合并分步向导】按钮，如图 4.73 所示。

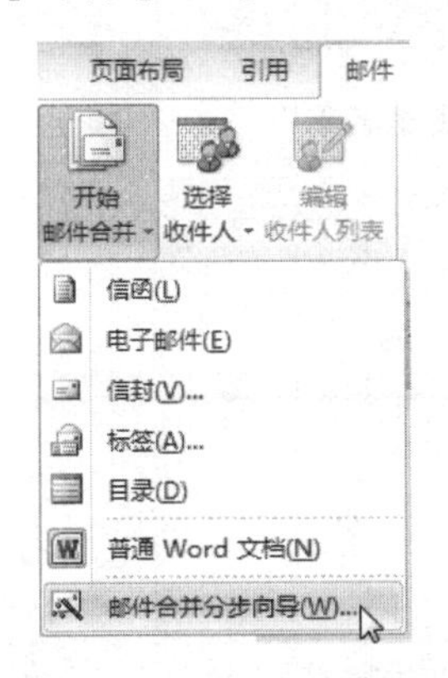

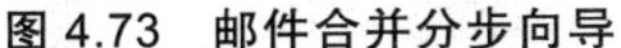

图 4.73 邮件合并分步向导

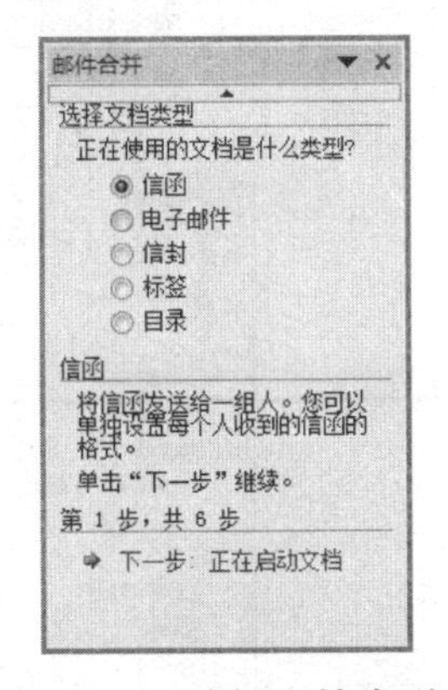


图 4.74 选择文档类型

（2）激活“邮件合并”任务窗格，启动邮件合并第 1 步“选择文档类型”，在此向导页选中“信函”单选按钮，并单击“下一步：正在启动文档”，如图 4.74 所示。

（3）邮件合并第 2 步“选择开始文档”，在此向导页选中“使用当前文档”单选按钮，并单击“下一步：选取收件人”，如图 4.75 所示。

（4）邮件合并第 3 步“选择收件人”，在此向导页选中“使用现有列表”单选框，并单击“浏览”，如图 4.76 所示。

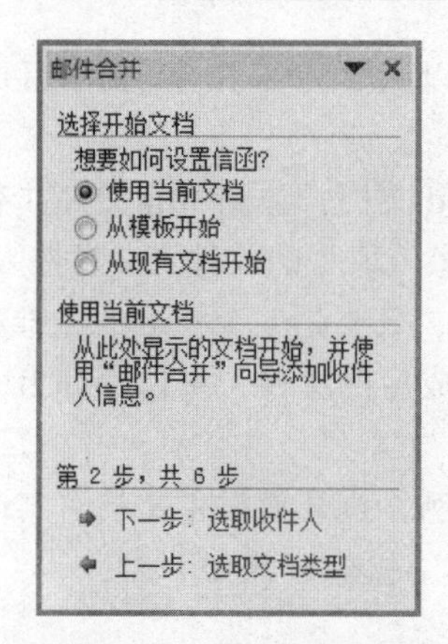


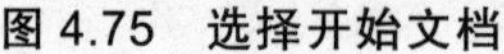
图 4.75　选择开始文档

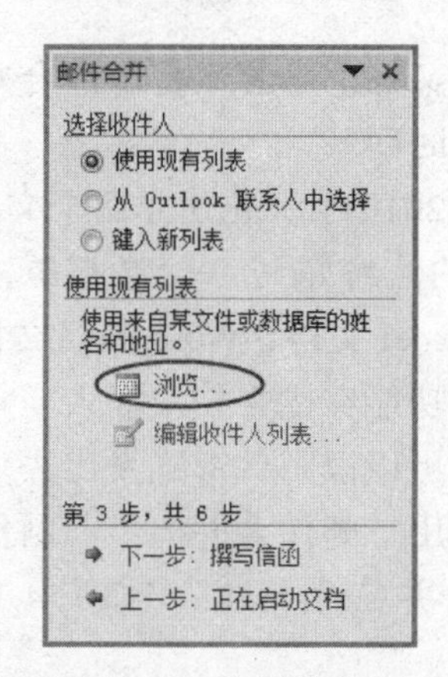


图 4.76　选择收件人

① 在打开的“选取数据源”对话框中，选择素材“实训四 Word 2010 的应用\邮件合并\获奖名单”文档，如图 4.77 所示，然后单击“打开”按钮，如图 4.78 所示。

| 班级 | 学号 | 姓名 | 获奖项目 | 获奖等级 |
|---|---|---|---|---|
| 大 1 班 | 1 | 小九九 | Office 办公专家 | 一等奖 |
| 大 2 班 | 2 | 艺珂 | Office 办公专家 | 二等奖 |
| 大 1 班 | 3 | 贝贝 | Office 办公专家 | 三等奖 |
| 大 2 班 | 4 | 小米 | Office 办公专家 | 三等奖 |
| 大 1 班 | 5 | 小妖 | 中英文录入 | 一等奖 |
| 大 2 班 | 6 | 菲菲 | 中英文录入 | 二等奖 |
| 大 1 班 | 7 | 张三 | 中英文录入 | 二等奖 |
| 大 2 班 | 8 | 李四 | 中英文录入 | 三等奖 |
| 大 3 班 | 9 | 王五 | 中英文录入 | 三等奖 |
| 大 2 班 | 10 | 赵六 | 中英文录入 | 三等奖 |

图 4.77　素材数据源文档“获奖名单”

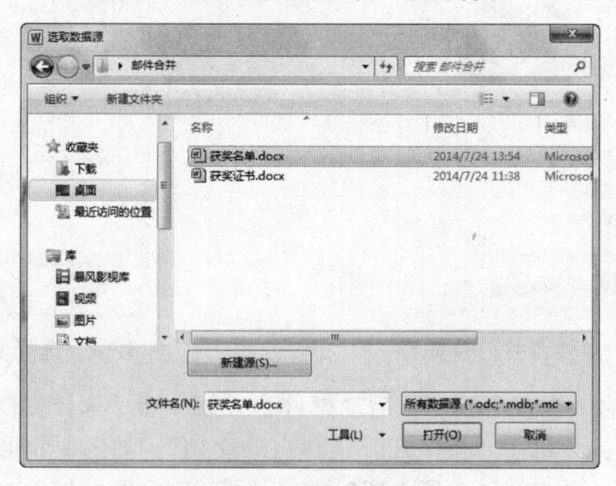


图 4.78　选取数据源

② 在打开的“邮件合并收件人”对话框中，可以根据需要取消选中联系人。如果需要合并所有收件人，直接单击“确定”按钮，如图 4.79 所示。

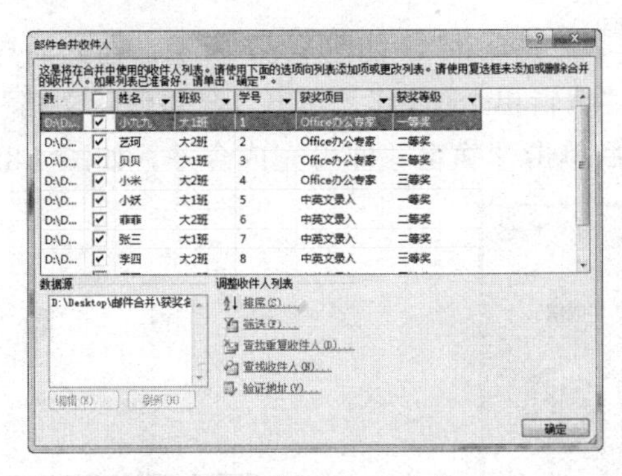


图 4.79　邮件合并收件人

③ 返回主文档窗口，如图 4.80 所示，在任务窗格“选择收件人”向导页中，单击“下一步：撰写信函”。

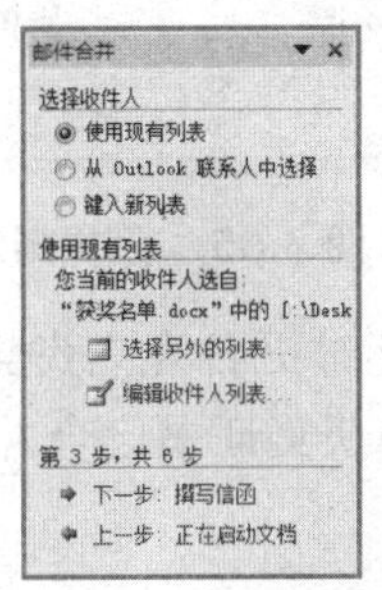


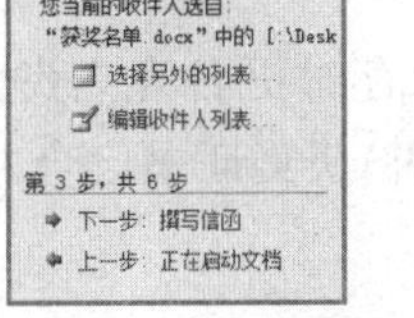

图 4.80　选择收件人返回界面　　图 4.81　撰写信函

（5）邮件合并第 4 步“撰写信函”，如图 4.81 所示，将插入点光标定位在主文档适当位置，然后单击向导页中的“其它项目”，打开“插入合并域”对话框，如图 4.82 所示。

① 在“插入”分组中选择“数据区域”。

② 在“域”分组中根据需要选择“姓名”，然后单击“插入”和“关闭”，即可插入“《姓名》”（此处并非手动录入），表示这部分内容可变化。

③ 使用相同操作方法撰写好“获奖项目”和“获奖等级”，完成后单击“下一步：预览信函”。

（6）邮件合并第 5 步“预览信函”，如图 4.83 所示，在此向导页可以查看信函内容，单击“«”或“»”按钮可以预览其他联系人的信函，也可单击“编辑收件人列表”或“排除此收件人”再次编辑收件人，确认无误后单击“下一步：完成合并”。

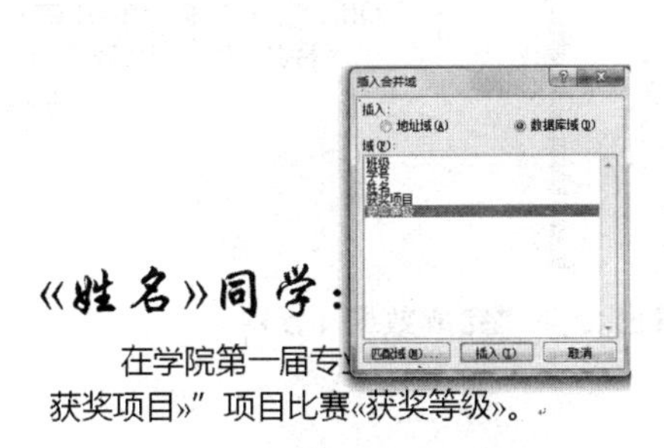


图 4.82　插入合并域

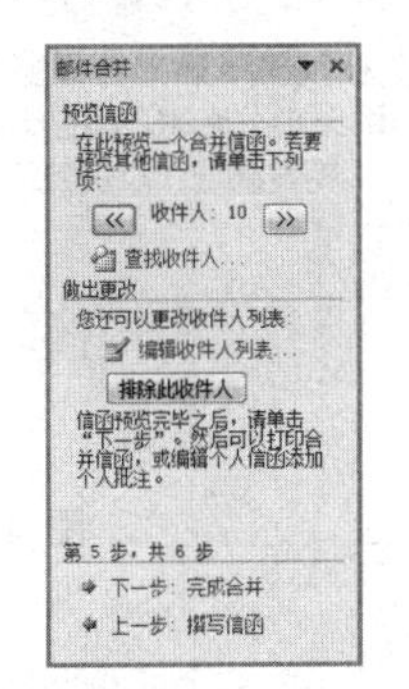


图 4.83　预览信函

（7）邮件合并第 6 步“完成合并”，如图 4.84 所示，在此向导页既可以单击“打印”开始打印信函，也可以单击“编辑单个信函”，弹出“合并到新文档”对话框，可根据需要针对合并记录进行再编辑，然后单击“确定”即可完成合并，如图 4.85 所示。

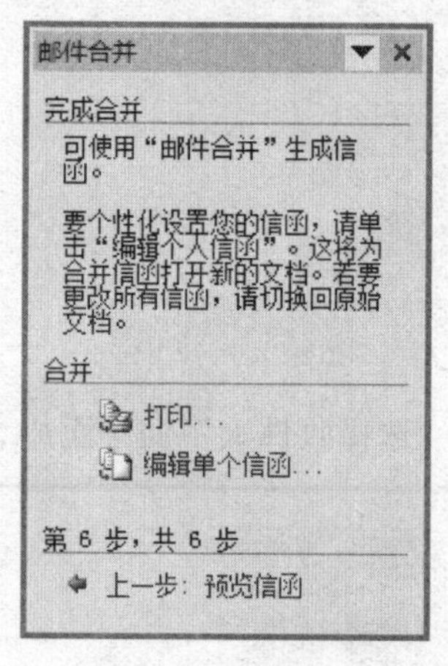


图 4.84　完成合并

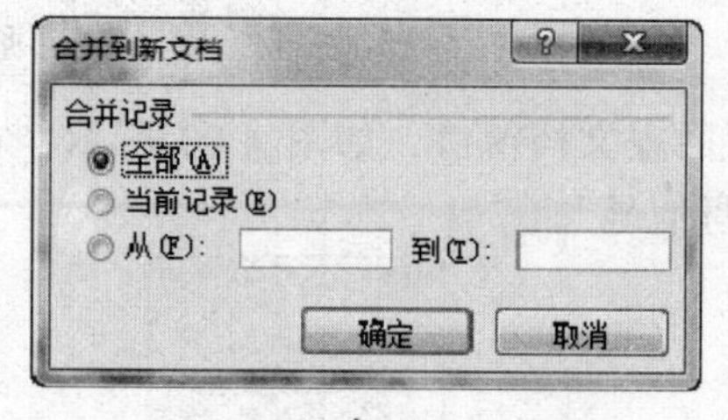


图 4.85　合并到新文档

（8）完成合并后，自动生成“信函 1”文档，保存时更名为“获奖证书已合并”，完成后效果如电子文档“实训四 Word 2010 的应用\邮件合并\获奖证书已合并”，如图 4.86 所示四页显示效果。

小九九同学：
在校第一届专业技能大赛中，荣获
“Office 办公专家”项目比赛一等奖。
特发此证，以资鼓励。
四川电力职业技术学院
2014 年 3 月

艺珂同学：
在校第一届专业技能大赛中，荣获
“Office 办公专家”项目比赛二等奖。
特发此证，以资鼓励。
四川电力职业技术学院
2014 年 3 月

贝贝同学：
在校第一届专业技能大赛中，荣获
“Office 办公专家”项目比赛三等奖。
特发此证，以资鼓励。
四川电力职业技术学院
2014 年 3 月

小米同学：
在校第一届专业技能大赛中，荣获
“Office 办公专家”项目比赛三等奖。
特发此证，以资鼓励。
四川电力职业技术学院
2014 年 3 月

图 4.86　“获奖证书已合并“完成效果（a）

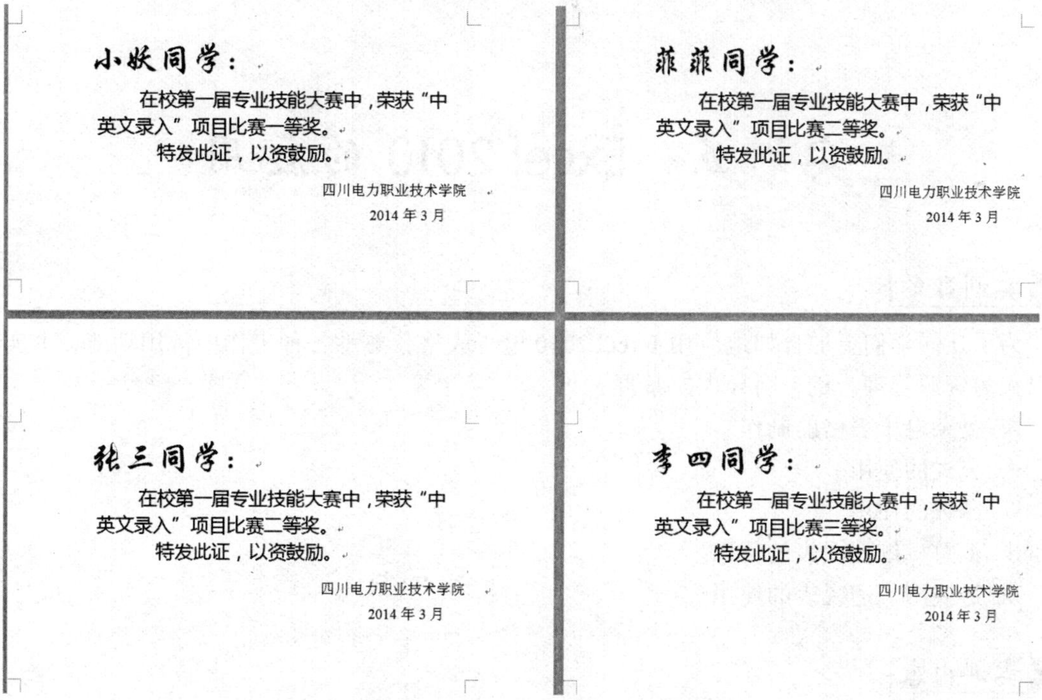

小妖同学：

在校第一届专业技能大赛中，荣获"中英文录入"项目比赛一等奖。

特发此证，以资鼓励。

四川电力职业技术学院

2014 年 3 月

菲菲同学：

在校第一届专业技能大赛中，荣获"中英文录入"项目比赛二等奖。

特发此证，以资鼓励。

四川电力职业技术学院

2014 年 3 月

张三同学：

在校第一届专业技能大赛中，荣获"中英文录入"项目比赛二等奖。

特发此证，以资鼓励。

四川电力职业技术学院

2014 年 3 月

李四同学：

在校第一届专业技能大赛中，荣获"中英文录入"项目比赛三等奖。

特发此证，以资鼓励。

四川电力职业技术学院

2014 年 3 月

图 4.86 "获奖证书已合并"完成效果（b）

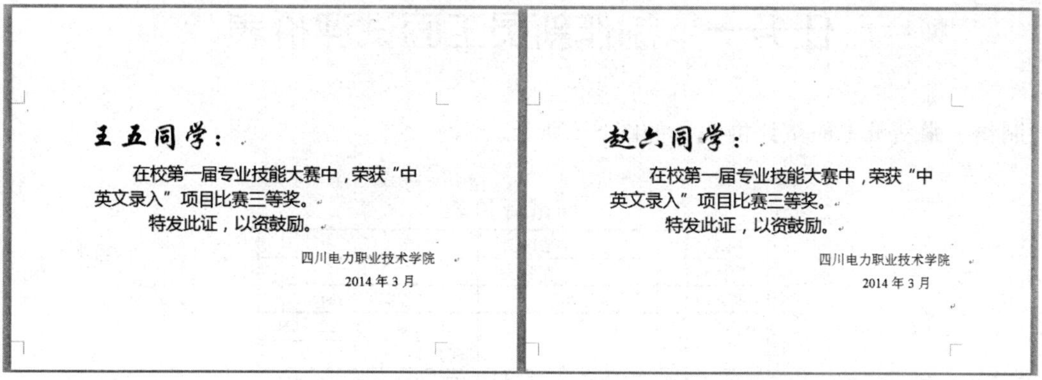

王五同学：

在校第一届专业技能大赛中，荣获"中英文录入"项目比赛三等奖。

特发此证，以资鼓励。

四川电力职业技术学院

2014 年 3 月

赵六同学：

在校第一届专业技能大赛中，荣获"中英文录入"项目比赛三等奖。

特发此证，以资鼓励。

四川电力职业技术学院

2014 年 3 月

图 4.86 "获奖证书已合并"完成效果（c）

（9）按要求上传作业。

# 实训五　Excel 2010 的应用

## 实训目的

为了让同学们更加自如地应用 Excel 2010 电子表格，熟悉各种工作中常用功能，本实训将以人力资源管理为例，引导大家掌握：

※ 复杂电子表格的制作。

※ 公式的使用。

※ 函数的使用。

※ 汇总、统计图表的使用。

※ 透视图、透视表的使用。

## 实训内容

# 任务一　制作新员工面试评价表

制作一张新员工面试评价表，如图 5.1 所示。

| | B | C | D | E | F | G | H |
|---|---|---|---|---|---|---|---|
| 1 | 面试评价表 | | | | | | |
| 2 | 姓名 | | | 应聘职位 | | | |
| 3 | 学历 | | | 联系方式 | | | |
| 4 | 评价部门 | 评价项目 | | | 评价等级（分数） | | |
| 5 | 人力资源部 | 1、 | | | □5 □4 □3 □2 □1 | | |
| 6 | | | | | 理由 | | |
| 7 | | 2、 | | | □5 □4 □3 □2 □1 | | |
| 8 | | | | | 理由 | | |
| 9 | 部门评价 | | | | 分数 | | |
| 10 | 面试建议 | □录用 | | □不录用 | | □备用 | |
| 11 | | | | | 签名: | | |
| 12 | 评价部门 | 评价项目 | | | 评价等级（分数） | | |
| 13 | 用人部门 | 1、 | | | □5 □4 □3 □2 □1 | | |
| 14 | | | | | 理由 | | |
| 15 | | 2、 | | | □5 □4 □3 □2 □1 | | |
| 16 | | | | | 理由 | | |
| 17 | 部门评价 | | | | 分数 | | |
| 18 | 面试建议 | □录用 | | □不录用 | | □备用 | |
| 19 | | | | | 签名: | | |
| 20 | 综合评价 | | | | 总分数 | | |
| 21 | | | | | | | |
| 22 | | | | | | | |

图 5.1　新工员面试评价表

在构建面试评价表时，可以利用数据处理功能设置表格标题与基础框架，然后运用“设置单元格格式”功能合并单元格，设置单元格的格式为边框格式，最后可以运用“插入符号”功能为工作表插入几何图形符。具体步骤如下：

（1）新建工作表，单击【全选】按钮，右击执行【行高】命令，设置整个工作表行高。

（2）合并单元格区域，在其中输入标题文本并设置文本字体和行高。

（3）在工作表中输入表格内容，并合并相应的单元格区域。

（4）选择所有未合并的单元格，执行【居中】操作。

（5）选择合并后的单元格 C5、C7、C13、C⑮ 执行左对齐操作。

（6）设置 B5 与 B13 的文本格式为竖排文字。

（7）通过“设置单元格格式”对话框中的“边框”选项卡，设置内、外边框的样式。

（8）选择合并后单元格 F5，在编辑栏中将光标定位在 5-1 数字 5 前面，然后执行插入【符号】命令。

（9）选择单元格 G20，在编辑栏中输入公式=G9+G17。

# 任务二 制作新员工面试/笔试成绩统计表

制作一张新员工面试/笔试成绩统计表，如图 5.2 所示。

| | A | B | C | D | E | F | G |
|---|---|---|---|---|---|---|---|
| 1 | 面试/笔试成绩统计表 | | | | | | |
| 2 | 姓名 | 性别 | 应聘部门 | 面试成绩 | 笔试成绩 | 总成绩 | 排名 |
| 3 | 欣欣 | 女 | 行政部 | 80 | 84 | 82.4 | 3 |
| 4 | 刘能 | 男 | 市场部 | 90 | 77 | 80.9 | 4 |
| 5 | 赵四 | 男 | 研发部 | 88 | 60 | 71.2 | 6 |
| 6 | 刘洋 | 女 | 财务部 | 83 | 89 | 86.6 | 1 |
| 7 | 陈鑫 | 女 | 市场部 | 82 | 61 | 67.3 | 7 |
| 8 | 金山 | 男 | 市场部 | 70 | 73 | 72.1 | 5 |
| 9 | 陈旭 | 男 | 市场部 | 92 | 80 | 83.6 | 2 |

图 5.2 新员工面试/笔试成绩统计表

在创建新员工面试/笔试成绩单时，首先运用数据处理功能构建表格的基础框架，然后运用条件函数 IF 和 RANK.EQ 函数计算机出总成绩与排名。最后运用“套用表格格式”功能设置表格的整体格式，具体步骤如下：

（1）新建工作表，单击【全选】按钮，右击执行【行高】命令设置整个工作表行高。

（2）合并单元格区域，在其中输入标题文本并设置文本字体和行高。

（3）输入表格内容，选中单元格区域，执行【居中】操作。

（4）选择单元格区域，执行【所有框线】操作。

（5）点击单元格 F3，在编辑栏中输入计算机总成绩的公式=IF（C3=“市场部”，

D3*0.3+E3*0.7，D3*0.4+E3*0.6）后按【Enter】键。

（6）选择单元格 G3，编辑栏中输入计算公式=RANK.EQ（F3,$F$3:$F$9）。

（7）选择单元格 G3:F9，执行【开始】选项卡下【编辑】组中【填充】命令，向下填充公式。

（8）选择表格中的任意一个单元格，执行【开始】选项卡下【样式】组中【套用表格格式】下【表样式中等深浅 21】命令。

（9）在弹出的“创建表”对话框中设置表数据的来源=$A$2:$G$9。

（10）执行【设计】选项卡中【工具】组中【转换为区域】命令。

# 任务三 新员工信息统计表

制作一张新员工信息统计表，如图 5.3 所示。

员工信息统计表

| 工号 | 姓名 | 所属部门 | 职务 | 学历 | 入职日期 | 身份证号码 | 出生日 | 性别 | 年龄 | 生肖 |
|---|---|---|---|---|---|---|---|---|---|---|
| 01 | 欣欣 | 财务部 | 总监 | 研究生 | 2005/1/1 | 110983197806124576 | 1978/6/12 | 男 | 36 | 马 |
| 02 | 刘能 | 办公室 | 经理 | 本科 | 2004/12/1 | 120374197912281234 | 1979/12/28 | 男 | 35 | 羊 |
| 03 | 赵四 | 销售部 | 主管 | 本科 | 2006/2/1 | 371487198601025917 | 1986/1/2 | 男 | 28 | 虎 |
| 04 | 冉然 | 研发部 | 主管 | 大专 | 2005/3/1 | 377837198312128735 | 1983/12/12 | 男 | 31 | 猪 |
| 05 | 刘洋 | 人事部 | 经理 | 本科 | 2004/6/1 | 234987198110113223 | 1981/10/11 | 女 | 33 | 鸡 |

图 5.3 新员工信息统计表

在实训中，首先运用“设置单元格格式”功能构建新员工信息统计表表格框架，并设置数字的显示格式，并先用数据有效性功能设置好“所属部门”、“职务”、“学历”，并防止工号的重复输入。最后运用“套用表格格式”功能设置表格的整体格式。具体步骤如下：

（1）创建表格，并设置表格的字体，对齐方式与边框格式。

（2）选择单元格 B3:B7，右击执行设置单元格格式命令，在【自定义】选项【类型】文本框中输入自定义类型代码：“00”。

（3）选择单元格 B3:B7，点击【数据】选项卡【数据工具】组中【数据有效性】命令，设置“允许”与“公式”内容。为工号字段列设置好有效性规则，不能出现重复的工号，如图 5.4 所示。

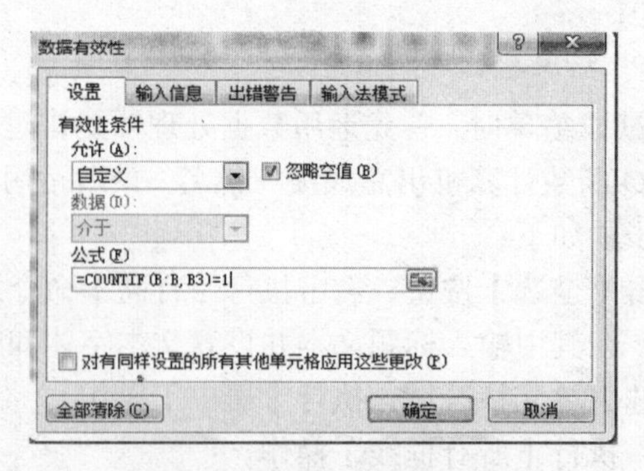


图 5.4 工号列有效性设置

（4）为员工工号输入错误设置提示信息，在【数据有效性】对话框中选择“出错警告”选项卡，在【错误信息】文本框中输入提示信息，“出现重复工号!”。

（5）为“所属部门”列设置选择列表，通过【数据有效性】命令，设置“允许”与“来源”内容，如图 5.5 所示。（注：设置职务、学历都可用此方法进行设置）

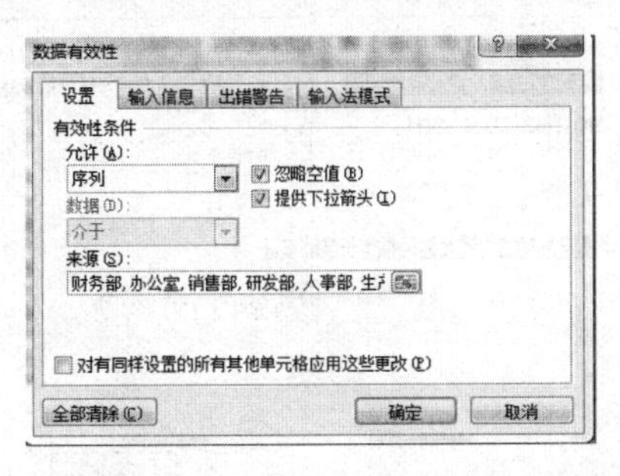


**图 5.5　“所属部门”列选择设置**

（6）将数据列“出生日期”、“身份证号码”通过【数字格式】设置成相应的短日期型和文本类型。

（7）身份证号码中提取员工出生日期，点击单元格 J3，单击编辑栏左侧的【插入函数】按钮，在弹出对话框选择 DATE 函数，在“函数参数”对话框中设置各个对应的参数，如图 5.6 所示。

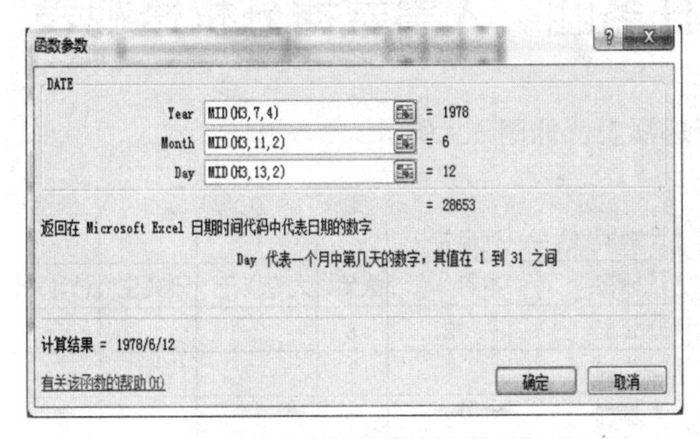


**图 5.6　提取出生日期**

（8）身份证号码中提取员工性别，选择单元格 K3，单击编辑栏中的【插入函数】按钮，在对话框中选择 IF 函数，在弹出的“函数参数”对话框中设置各个参数，如图 5.7 所示。

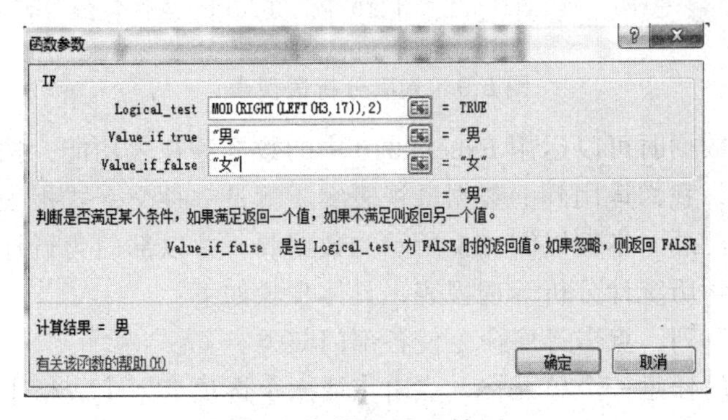


**图 5.7　提取员工性别**

（9）计算员工年龄，点击单元格 L3，在编辑栏中输入公式=YEAR(TODAY())-YEAR(J3)。

（10）通过出生日期得出员工生肖，点击单元格 M3，单击编辑栏【插入函数】按钮，选择 MID 函数后在弹出的“函数参数”对话框中设置各项参数，如图 5.8 所示。

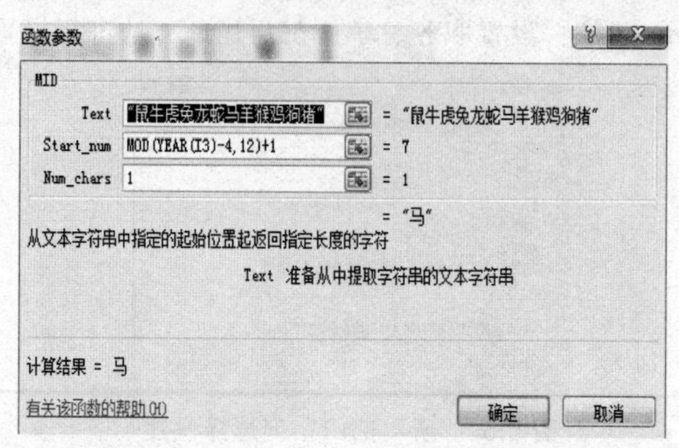


图 5.8 员工生肖

（11）选中单元格 B2:K10，执行【开始】选项卡下【样式】组中【套用表格格式】下【表样式中等深浅 4】命令。

# 任务四 人事数据分析透视表

制作一张人事分析透视表，如图 5.9 所示。

| | A | B | C | D | E | F |
|---|---|---|---|---|---|---|
| 3 | 计数项:姓名 | 列标签 | | | | |
| 4 | 行标签 | 本科 | 大专 | 大专以下 | 研究生 | 总计 |
| 5 | 办公室 | 2 | 3 | | | 5 |
| 6 | 财务部 | | 1 | | 1 | 2 |
| 7 | 人事部 | 2 | 2 | | | 4 |
| 8 | 生产部 | | 1 | 1 | | 2 |
| 9 | 销售部 | 3 | 2 | | 1 | 6 |
| 10 | 研发部 | 4 | 1 | | | 5 |
| 11 | 总计 | 11 | 10 | 1 | 2 | 24 |

图 5.9 人事分析透视表

多方位分析人事数据时可以运用 Excel 2010 中的数据透视表功能，按性别、部门或学历分析人事数据。其中，我们运用到的数据透视表实质就是一种交互式报表。它可以将纷杂的数据按指定分类进行汇总，本例以图 5.3 所示为数据源，并以部门为行标签和以学历为列标签，作业各部门人员学历统计分析等透视表，具体步骤如下：

（1）点击“部门”列，点击排序命令使各部门归类。

（2）选择表格中的任意一个单元格，点击【插入】选项卡下【表格】组中的【数据透视表】命令。

（3）在随后弹出的对话框中“请选择要分析的数据”选项组中，默认选择第一选项，在“选择放置数据透视表位置”选项组中选择【新工作表】单项按钮，点击【确定】按钮。

（4）在启用的“数据透视表字段列表”对话框中，将所属部门字段拖入行标签，将学历拖入列标签，将姓名拖入求和数值。

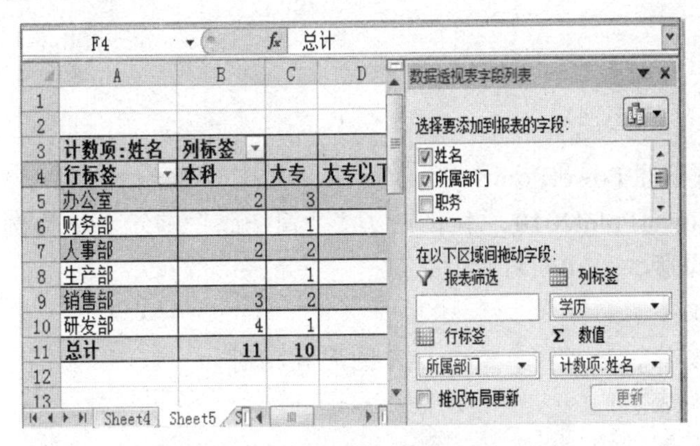


图 5.10　人事数据分析透视表

# 任务五　人事数据分析透视图

本实训内容要求学生自行摸索完成，依然以图 5.10 所示的数据为数据源，制作按部门归类，统计各学历层次员工的人事数据，通过数据分析绘制透视图，如图 5.11 所示。

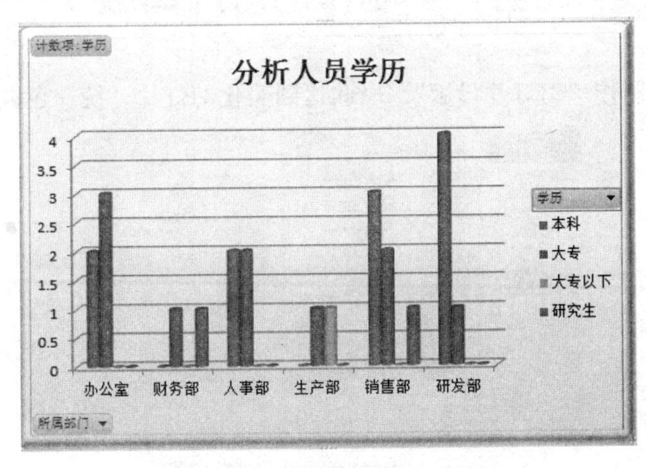


图 5.11　人事数据分析透视图

# 实训六 PowerPoint 2010 的应用

## 实训目的

通过实训熟悉并掌握 PowerPoint2010 的操作，随着实例制作的深入掌握其高级应用，最终全面自如的应用 PowerPoint2010。本章节以“公司招聘”演示文稿为例，应用并掌握：

※ 设置幻灯片母版，美化幻灯片。

※ 编辑与设置文本。

※ 使用形状、图片、艺术字、SmartArt 图形和相册。

※ 使用表格和图表。

※ 使用多媒体及超链接。

※ 设置动画效果。

※ 放映和输出演示文稿。

## 实训内容

### 任务一 制作幻灯片母版

如图 6.1 所示，制作“幻灯片母版”，以此达到美化幻灯片，统一色调。

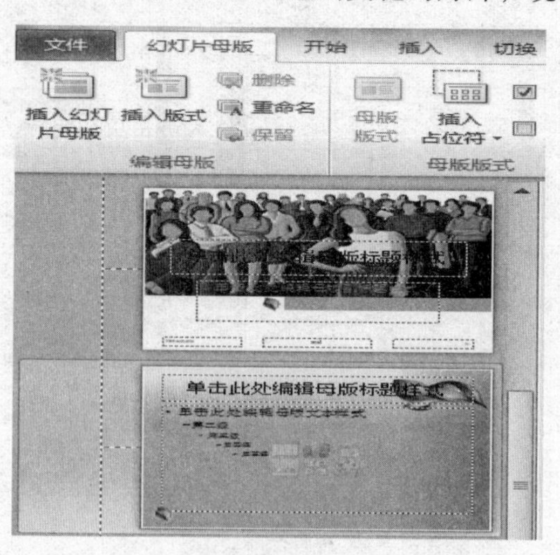


图 6.1 母版

具体制作步骤如下：

（1）新建一个演示文稿。然后单击【视图】菜单→【幻灯片母版】。

（2）开始编辑母版。单击【插入】菜单→【图片】，收集并选择适合的素材图片插入到幻灯片母版“标题幻灯片”中，根据设计需要还可插入【形状】，并对其进行色彩填充、边框设置等，如图 6.2 所示。

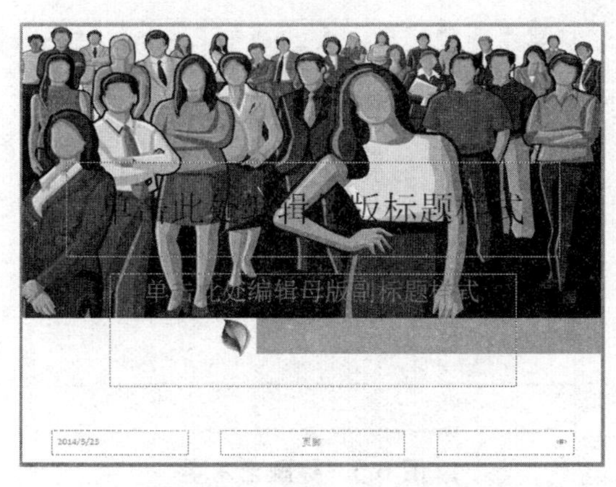

图 6.2　标题幻灯片母版

（3）如图 6.3 所示，用一图标代表某公司的 Logo。再选择一个幻灯片版式，单击【插入】菜单→【图片】，将图标摆放在如图 6.4 所示的位置。

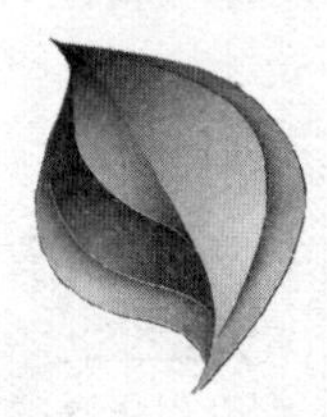

图 6.3　图标

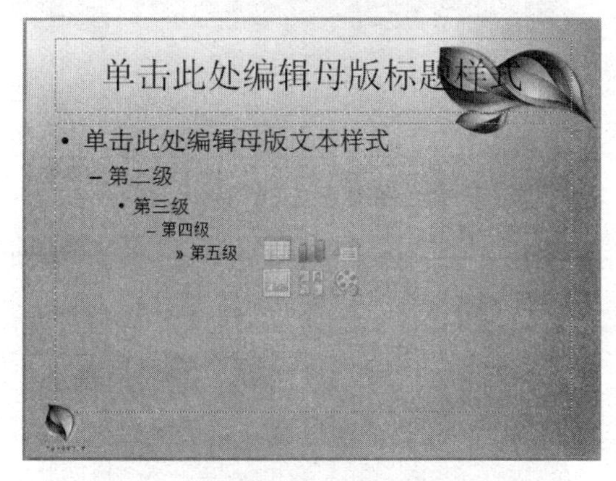


图 6.4　设置其他版式幻灯片背景

# 任务二　幻灯片制作

具体制作步骤如下：

（1）利用“艺术字”制作标题。

单击【插入】→【艺术字】, 选择一个填充类型，输入文本内容。通过选择【格式】→【艺术字样式】, 对艺术字的填充颜色，文字效果等进行修改，效果如图 6.5 所示。

图 6.5 标题艺术字

（2）其余幻灯片的制作。

新建一张幻灯片。单击【插入】→【形状】, 选择直线，“设置形状格式”，包括“颜色”、“粗细”等。同理，选择“圆角矩形”，设置“属性”，添加文字，如图 6.6 所示。

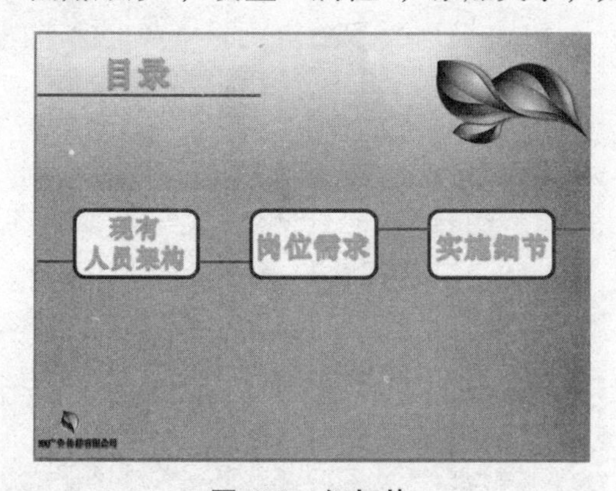


图 6.6 幻灯片

单击【插入】→【艺术字】; 单击【插入】→【形状】, 选择“矩形”，再“设置形状格式”，如图 6.7 所示。

图 6.7 幻灯片效果

单击【插入 SmartArt】，如图 6.8 所示，选择“组织结构图”，并添加文字，效果如图 6.9 所示。

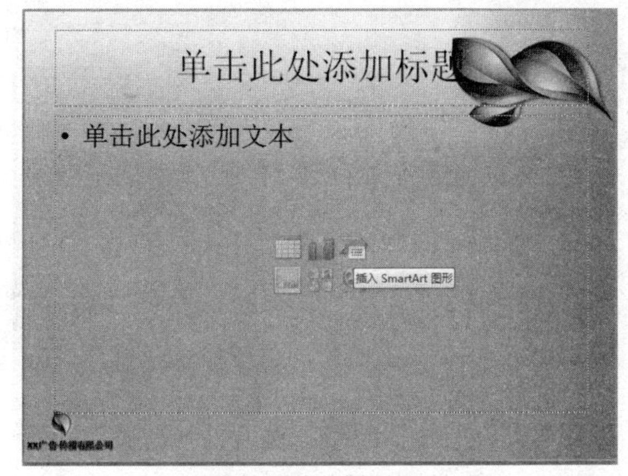


图 6.8　插入 SmartArt

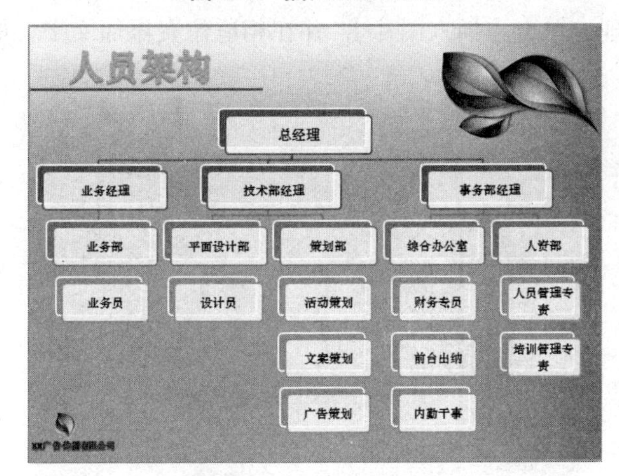


图 6.9　幻灯片效果

超级链接的应用：在图 6.9 幻灯片中【插入】→【图片】，如图 6.10 所示。

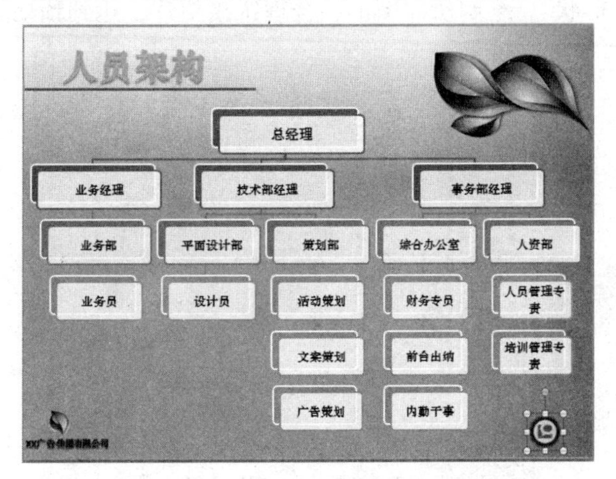


图 6.10　插入图片设置超级链接

选定该图片，单击鼠标右键打开快捷菜单，选择【超链接】，打开“插入超链接”对话框，选择要链接到的幻灯片，点击【确定】，完成对图片的超链接设置，如图 6.11 所示。

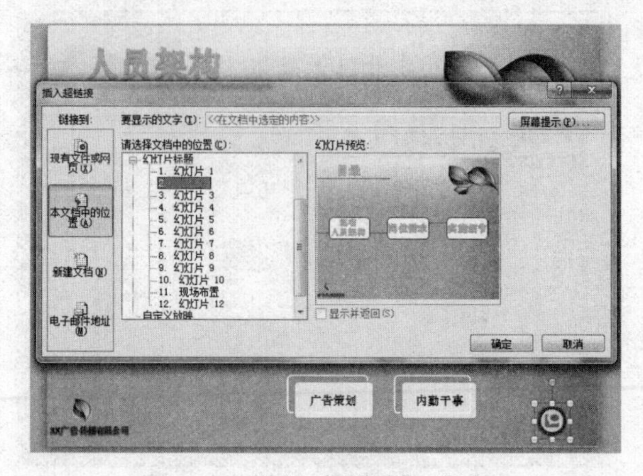


图 6.11 “插入超链接”对话框

与图 6.8 所示同理，单击【插入图片】，并在相应位置添加文字，如图 6.12 所示。

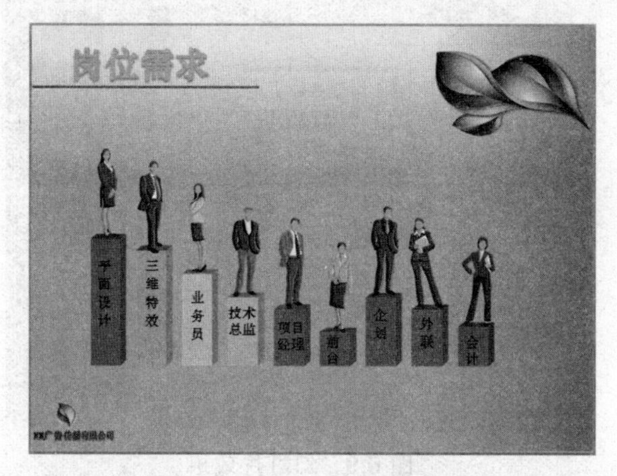


图 6.12 插入图片的幻灯片

应用“图片”、“形状”，绘制所需图形，合理拼接图片，达到预期效果，如图 6.13 所示。

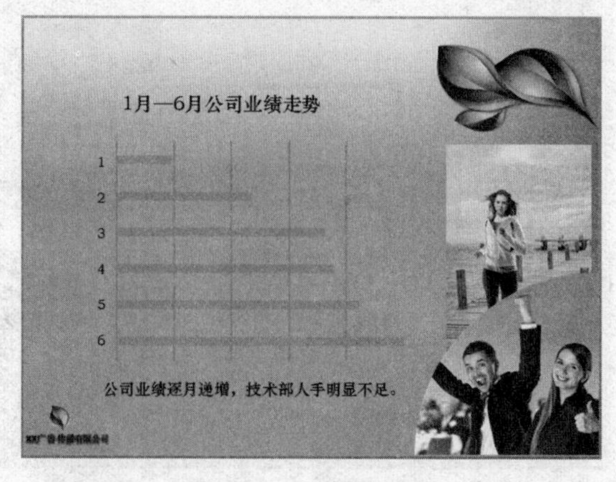


图 6.13 幻灯片效果

单击【插入】→【文本框】，输入所需文字，并设置文字格式，效果如图 6.14 所示。

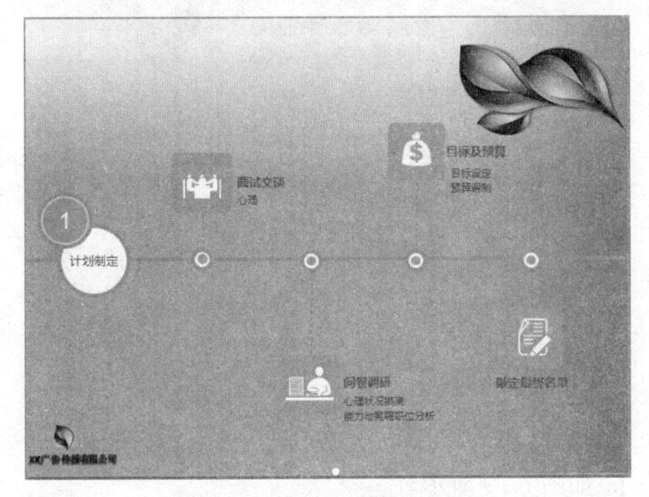


图 6.14　输入文字的幻灯片

利用“形状”中的元素，通过“置于顶层”或“置于底层”的方式叠放、拼接，如图 6.15、图 6.16 所示。

图 6.15　绘制形状

图 6.16　绘制形状

单击【插入图片】，将收集到的图片素材摆放到相应位置，如图 6.17 所示。

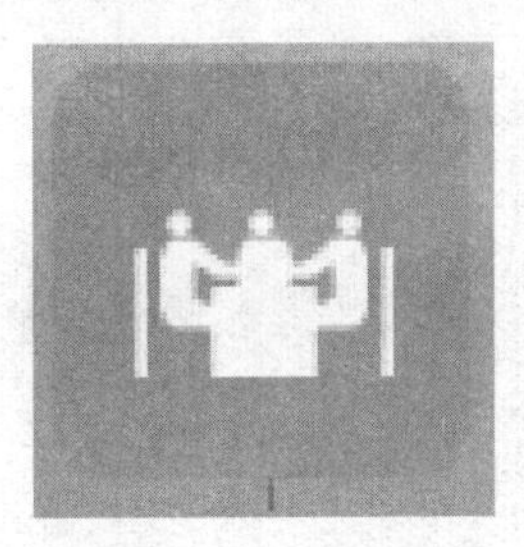

图 6.17　图片

在表格中输入相应文字，并设置字体样式，效果如图 6.18 所示。

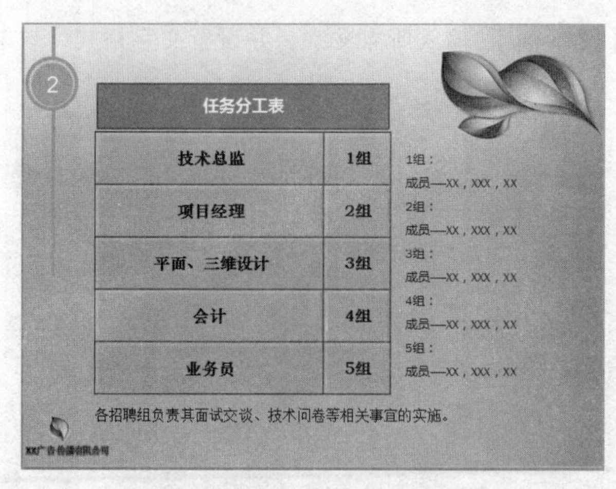


图 6.18　输入文字后的幻灯片效果

单击【插入表格】，如图 6.19 所示。

图 6.19　插入表格

单击【插入媒体剪辑】如图 6.20 所示，将所需的视频文件插入到幻灯片中，如图 6.21 所示。

图 6.20　插入视频文件的幻灯片

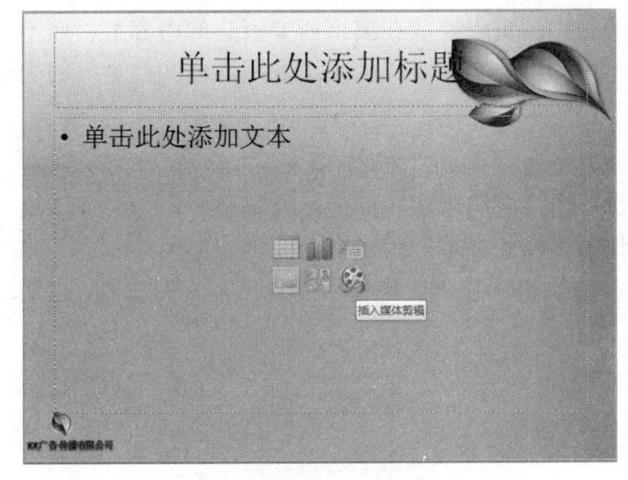


图 6.21　插入媒体剪辑

幻灯片切换：单击【切换】，选择“效果选项”。可为每张幻灯片单独设置切换方式，也可选择一种切换效果，单击“全部应用”。

动画制作：选择需要设置动画效果的对象，如文本、图片、表格、SmartArt 图形等，单击【动画】，选择“效果选项”，并对其“触发时间”等进行设置。

通过幻灯片切换和动画效果的设置，可以使演示文稿在放映时更加生动，但动画设置切忌太过烦琐，以免弄巧成拙。

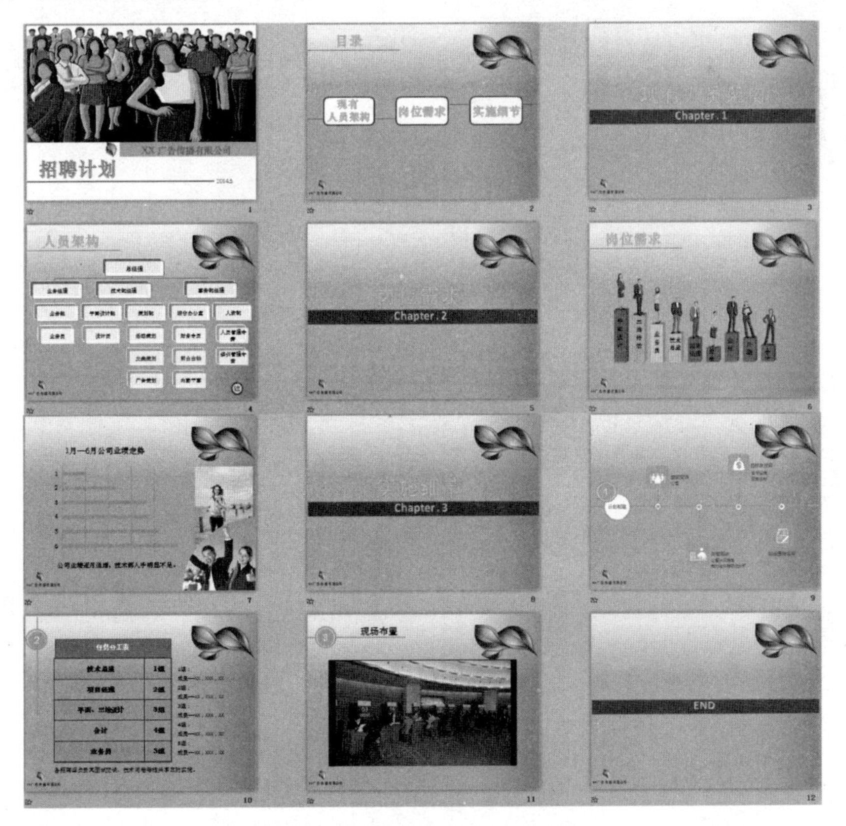


图 6.22　此案例所有幻灯片

注意：演示文稿的制作，重点要放在突出所要表达的内容上，而不是为了做出“花哨”的幻灯片。若形式大于内容则喧宾夺主，失去了利用演示文稿更好的表达中心思想的初衷。

## 课后实训

（1）请设计并制作一个“应聘求职”的演示文稿。

（2）请设计并制作一个以“春节”为主题的演示文稿。

（3）以 2014 年足球世界杯为主题，挑选一支自己喜欢的球队，以演示文稿的方式来进行展示。

# 第二部分 试题练习

## 试题练习一

### 一、单项选择题

1. 存储器容量 1GB 是表示（ ）。

   A. 1 024　　B. 1 024 B　　C. 1 024 KB　　D. 1 024 MB

2. 十进制数 114 对应的十六进制数是（ ）。

   A. 72　　B. 82　　C. 70　　D. 67

3. 描述存储容量常用 KB 表示，例如 4 KB 表示存储单元有（ ）。

   A、4 000 个字　　B. 4 000 个字节　　C. 4 096 个字　　D. 4 096 个字节

4. 八进制数 345.7 对应的十进制数是（ ）。

   A. 229.875　　B. 239.875　　C. 229.7　　D. 239.7

5. “8”的 ASCII 码值（十进制）为 56，“4”的 ASCII 码值（十进制）为（ ）。

   A. 51　　B. 52　　C. 53　　D. 4

6. 十进制数 512 转换成二进制数是（ ）。

   A. 111011101　　B. 1111111111　　C. 1000000000　　D. 100000000

7. 通配符“?”代替（ ）个字节。

   A. 2　　B. 3　　C. 1　　D. 任意

8. 当选定文件或文件夹后，不将文件夹或文件夹放到“回收站”中，而直接删除的操作是（ ）。

   A. 按【Shift+Delete】键

   B. 按【Delete】键

   C. 用鼠标直接将文件或文件夹拖放到回收站中

   D. 用“我的电脑”或资源管理器窗口中文件菜单中的删除命令

9. 快捷方式与它所指的对象相比（ ）。

   A. 快捷方式指向的对象所占用的存储空间大

   B. 一样大

   C. 无法比较

   D. 快捷方式占用存储空间大

10. 在 Windows 中用户用来组织和操作文件目录的工具是（    ）。

A. 开始菜单　　B. 应用程序　　C. 资源管理器　　D. 控制面板

11. 不是文件属性的是（    ）。

A. 只读　　B. 文档　　C. 隐藏　　D. 以上都不是

12. 在一个文件路径中，不同的目录名之间用（    ）隔开。

A. /　　B. \　　C. *　　D. !

13. 下列带有通配符的文件名中，能包含文件 ABCFOR 的是（    ）。

A. ?、?　　B. *BC?　　C. A?、*　　D. ?BC*

14. 控制面板是 Windows 为用户提供的一种用来调整（    ）的应用程序，它可以调整各种硬件和软件的任选项。

A. 文件　　B. 系统配置　　C. 分组窗口　　D. 程序

15. 一个 HTML 文件的结束标记是（    ）。

A. <HTML>　　B. HTML　　C. <\HTML>　　D. </HTML>

16. Internet 中，DNS 指的是（    ）。

A. 接收电子邮件的服务器　　B. 域名系统

C. 发送电子邮件的服务器　　D. 动态主机

17. 接入 Internet 的主要方式有（    ）。

A. 局域网方式，WWW 方式　　B. 拨号方式，局域网方式

C. 拨号方式，HTTP 方式　　D. FTP 方式，拨号方式

18. 在网页文件中，超文本的含义是（    ）。

A. 可以在文本文件中加入图片、声音等

B. 信息间的超链接

C. 信息的表达形式

D. 信息间可以相互转换

19. 网址中的 http 是指（    ）。

A. 文件传输协议　　B. TCP/IP 协议

C. 超文本传输协议　　D. 计算机主机名

20. Internet 中，DNS 指的是（    ）。

A. 接收电子邮件的服务器　　B. 发送电子邮件的服务器

C. 动态主机　　D. 域名系统

21. 在 Word 中若某一段落的行距如果不特别设置，则由 Word 根据该字符的大小自动调整，此行距称为（    ）。

A. 1.5 倍行距　　B. 单倍行距　　C. 固定值　　D. 最小值

22. 以下关于 Word 2010 查找功能的“导航”侧边栏，说法错误的是（    ）。

A. 单击“编辑”功能区的“查找”按钮可以打开“导航”侧边栏

B. “查找”默认情况下，对字母区分大小写

C. 在“导航”侧边栏中输入“查找：表格”，即可实现对文档中表格的查找

D. “导航”侧边栏显示查找内容有三种显示方式，分别是“浏览您文档中的标题”，“浏览您文档中的页面”，“浏览您当前搜索的结果”

23. Word 2010 中插入图片的默认版式为（ ）。

A. 嵌入型 B. 紧密型 C. 浮于文字上方 D. 四周型

24. 在 Word 2010 中,下面哪个视图方式是默认的视图方式（ ）。

A. 普通视图 B. 页面视图 C. 大纲视图 D. Web 版式视图

25. 在 Word 2010 中，可以通过（ ）功能区中的“翻译”对文档内容翻译成其他语言。

A. 开始 B. 页面布局 C. 引用 D. 审阅

## 二、多项选择题

1. 在系统中，定位唯一文件的完整路径书写方法中，包括（ ）。

A. 我的电脑 B. 盘符 C. 路径 D. 文件名

2. 对话框可以包括（ ）。

A. 菜单栏 B. 列表框 C. 文本框 D. 标题栏

3. 在 Windows 中，可完成的磁盘操作有（ ）。

A. 整理碎片 B. 数据备份 C. 磁盘清理 D. 磁盘格式化

4. 资源管理器窗口左窗格可以显示的内容有（ ）。

A. 收藏夹 B. 文件夹 C. 历史 D. 搜索

5. Windows 中为一个文件命名时（ ）。

A. 允许使用多个分隔符

B. 允许使用空格

C. 文件名的长度不允许超过 8 个字符

D. 不允许使用大于号（>）、问号（?）、冒号（:）等符号

6. 以下属于应用软件的是（ ）。

A. Office B. Android C. 扫雷 D. 画图

7. 下列存储器中，断电后信息不会丢失的是（ ）。

A. ROM B. RAM C. C. D-ROM D. 磁盘存储器

8. 汇编语言是一种（ ）。

A. 以助记符代替机器码的语言 B. 高级语言

C. 程序设计语言 D. 目标程序

9. 下列（ ）技术是第一代计算机之后才出现的。

A. 机器语言 B. 汇编语言 C. 高级语言 D. 操作系统

10. 计算机操作系统的功能是（ ）。

A. 把源程序代码转换为目标代码

B. 实现计算机与用户之间的相互交流

C. 完成计算机硬件各部件之间的传递

D. 控制、管理计算机资源和程序的执行

11. 在以下关于“补丁程序”的描述中，正确的是（ ）。

A. 补丁程序需要不断更新

B. 计算机用户应及时下载并安装补丁程序，以保护自己的系统

C. 是软件开发商在发现软件漏洞后推出的一种修补程序

D. 打不打“补丁程序”是无关紧要的

12. 计算机病毒的主要特点是（　）。

A. 破坏性　B. 潜伏性　C. 潜伏性　D. 传染性

13. IP 地址有（　）部分组成。

A. 网络标识　B. 用户标识　C. 用户标识　D. 电子邮件标识

14. 在 Word 2010 打印设置中，可以进行以下操作的是（　）。

A. 打印到文件　B. 手动双面打印

C. 按纸型缩放打印　D. 设置打印页码

15. 以下关于 Word 2010 的“格式刷”功能，说法正确的有（　）。

A. 所谓格式刷，即复制一个位置的格式，后将其应用到另一个位置

B. 单击格式刷，可以进行一次格式复制

C. 双击格式刷，可以进行多次格式复制

D. 格式刷只能复制字符格式

16. 下列视图模式中，属于 Word 2010 的视图模式有（　）。

A. 普通视图　B. 页面视图　C. 阅读版式视图　D. 草稿视图

17. 在 Word 2010 中，插入一个分页符的方法有（　）。

A. 快捷键：<Ctrl+Enter>

B. 执行“插入”标签下，“符号”功能区中的“分隔符”命令

C. 执行“插入”标签下，“页”功能区中的“分页”命令按钮

D. 执行“页面布局”标签下，“页面设置”功能区中的“分隔符”命令

## 三、填空题

1. 在 Excel 2010 表中，如果想用鼠标选择不相邻的单元格区域，在使用鼠标的同时，需要按住______键；如果想要选择连续的单元格区域，可以先单击区域左上角单元格，然后，在单击区域右下角单元格时，需要按住______键。

2. 当单元格中的内容发生变化时，其显示格式也发生相应的变化，这种会“变化”的格式称为______。

3. 如果需要对大量的数据进行多种形式的快速汇总，最方便的方法是使用 Excel 2010 的______。

4. 工作表中第 4 行第 6 列的单元格地址为______。

5. ______函数用于计算平均数，______函数用于求最大值。

6. D6 单元格中有公式“=$B$2”，将 D6 单元格的公式复制到 E9 单元格，则 E9 单元格的公式为______。

7. C5 单元格中有公式“=C2”，将 C5 单元格的公式复制到 D7 单元格，则 D7 单元格的公式为______。

8. 一种进位计数制允许选用的基本数字符号的个数叫_____（2 个汉字）。

9. U 盘是通过_____（3 个大写字母）接口与主机进行数据交换的移动存储设备。

10. 二进制数 100，左边第一位数字“1”的位权值为_____。

11. 常见的打印机根据工作方式不同，分为点阵打印机、_____（2 个汉字）打印机和喷墨打印机。

12. 将各种数据转换成为计算机能处理的形式，并输送到计算机中去的设备称为_____设备（2 个汉字）。

13. _____是 Internet 上新兴的商业模式。

14. 防火墙是一大类安全防护措施的总称，它即可是_____件，也可以是_____件。

15. OSI（开放系统互联）参考模型从低到高分别是_____。

# 试题练习二

## 一、单项选择题

1. 在 Excel 2010 中，要取消工作簿的隐藏，应使用（　）菜单中的“取消隐藏”命令。
   A. 工具　　B. 视图　　C. 窗口　　D. 格式
2. 在 Excel 2010 中条件格式命令最多可以设置（　）个条件。
   A. 3　　B. 4　　C. 5　　D. 2
3. 在 PowerPoint 2010 中，下列（　）不是控制幻灯片外观的方法。
   A. 设计模板　　B. 配色方案　　C. 母版　　D. 使用对象
4. 以下说法错误的是（　）
   A. 在页面设置的“文档网格”选项卡中可以设置分栏数
   B. 用户在使用 Word 的内置样式时，有些格式不符合自己排版的要求，可以对其进行修改或删除
   C. 创建页眉和页脚不需要为每一页都进行设置
   D. 在使用“字数统计”对话框时，可以任意选定部分内容进行字数统计
5. 在 Windows 中，是根据（　）来建立应用程序与文件的关联。
   A. 文件的扩展名　　B. 文件的主名　　C. 文件的属性　　D. 文件的内容
6. 在幻灯片播放时，要使下一张幻灯片出现与前一张不同的切换方式，应（　）。
   A. 选择该幻灯片，单击“幻灯片放映”→“自定义放映”进行设置
   B. 选择该幻灯片，单击“幻灯片放映”→“自定义动画”进行设置
   C. 选择该幻灯片，单击“幻灯片放映”→“幻灯片切换”进行设置
   D. 选择该幻灯片，单击“幻灯片放映”→“设置放映方式”进行设置
7. 下列选项中，（　）不是导致磁盘碎片产生的主要原因。
   A. 文件分散保存
   B. 虚拟内存管理程序对硬盘进行频繁读写
   C. 临时文件的大里产生
   D. 硬盘运行速度过慢
8. 被译为万维网的是（　）。
   A. INTERNET　　B. TCP/IP　　C. PPP　　D. WWW
9. 习惯上，CPU 与（　）组成了计算机的主机。
   A. 内存储器　　B. 控制器　　C. 运算器　　D. 控制器和运算器
10. 在 Excel 2010 中，单元格区域“A1：C3，C4：E5”包含（　）个单元格。
   A. 5　　B. 3　　C. 25　　D. . 15

11. 在 PowerPoint 2010 中，“自动更正”功能是在下列（　）菜单中。

A. 编辑　B. 样式　C. 工具　D. 视图

12. 用户登录新闻组后，不能进行的操作是（　）。

A. 阅读他人的帖子　B. 定制新闻　C. 发帖　D. 创建网站

13. 鼠标是 Windows 环境中一种重要的（　）。

A. 指示工具　B. 画圈工具　C. 输入工具　D. 输出工具

14. 在 Windows 操作系统中，文件管理主要是（　）。

A. 实现文件的显示和打印　B. 实现对文件按名存取

C. 实现文件的压缩　D. 实现对文件按内容存取

15. 在窗口的右上角，可以同时显示的按钮是（　）。

A. 最小化、还原和最大化

B. 还原、最大化和关闭

C. 最小化、还原和关闭

D. 还原和最大化

16. 选择 Word 2010 表格中的一行或一列以后，（　）就能删除该行或该列中的文本内容。

A. 按空格键　B. 按 Ctrl+Tab

C. 单击剪切按钮　D. 按 Delete 键

17. 在（　）菜单中选择“打印”命令，屏幕将显示“打印”对话框。

A. 文件　B. 编辑　C. 视图　D. 工具

18. 在 Word 编辑窗口中要将插入点移到文档末尾可用（　）。

A. Ctrl+<End>　B. <End>　C. Ctrl+<Home>　D. <Home>

19. 在 Word 窗口工作区中，闪烁的垂直光标表示（　）。

A. 光标的位置　B. 插入点　C. 键盘位置　D. 鼠标位置

20. 在 Word 环境下，改变“间距”说法正确的是（　）。

A. 只能改变段与段之间的间距　B. 只能改变字与字之间的间距

C. 只能改变行与行之间的间距　D. 以上说法都不成立

21. 以下 IP 地址中为 C 类地址的是（　）。

A. 123.213.12.23　B. 213.123.23.12

C. 23.123.213.23　D. 132.123.32.12

22. 在 Word 环境下，在文件中插入文本框（　）。

A. 是竖排的　B. 既可以竖排，也可以横排

C. 是横排的　D. 可以任意角度进行排版

23. Excel 单元格的地址是由（　）来表示的。

A. 列标和行号　B. 行号　C. 列标　D. 任意确定

24. Excel 选定单元格区域的方法是：单击这个区域左上角的单元格，按住（　）键，再单击这个区域右下角的单元格。

A. Alt　B. Ctrl　C. Shift　D. 任意键

25. 公式=SUM（C2:C6）的作用是（　）。

A. 求 C2 到 C6 这五个单元格数据之和

B. 求 C2 和 C6 这两个单元格数据之和

C. 求 C2 和 C6 这两个单元格的比值

D. 以上说法都不对

26. Excel 工作簿，默认状态下有（ ）张工作表。

A. 3　　B. 4　　C. 6　　D. 255

27. D2=8，E2=7.2，选定 D2:E2 区域，拖动至 A2，则 A2=（ ）。

A. 3.5　　B. 4.8　　C. 10.4　　D. 15.2

28. 若需要选取若干个不相连的单元格，可以按住（ ）键，再依次选择每一个单元格。

A. Ctrl　　B. Alt　　C. Shift　　D. Enter

29. 下面（ ）是绝对地址。

A. $D$5　　B. $D5　　C. *A.5　　D. 以上都不是

30. Excel 工作簿的扩展名是（ ）。

A. .ppt　　B. .doc　　C. .xls　　D. .pot

31. 要改变所有幻灯片中标题的字型、字体大小、颜色，应对（ ）进行修改。

A. 设计模版　　B. 幻灯片版式　　C. 配色方案　　D. 母版

32. 不能采用（ ）来创建新的演示文稿。

A. 内容提示向导　　B. 演示文稿向导　　C. 设计模版　　D. 内容模版

33. 计算机“局域网”的英文缩写为（ ）。

A. WAN　　B. CAM　　C. LAN　　D. WWW

34. Internet 采用的通信协议是（ ）。

A. TCP/IP　　B. FTP　　C. SPX/IP　　D. WWW

35. 下列 IP 地址是 B 类 IP 地址的是（ ）。

A. 202.115.148.33　　B. 126.115.148.33

C. 191.115.148.33　　D. 240.115.148.33

36. 在 Excel 2010 中，单元格内容的默认格式为常规格式，对于文字数据则按（ ）。

A. 两端对齐显示　　B. 右对齐显示

C. 居中显示　　D. 左对齐显示

37. 在 Windows 中，要调整桌面上图标的位置，下列四项说法正确的是（ ）。

A. 可以用鼠标的拖动及调整打开一个快捷菜单对它们的位置加以调整

B. 只能用鼠标对它们拖动来调整位置

C. 只能通过某个菜单来调整位置

D. 只需鼠标在桌面上从屏幕左上角向右下角拖动一次，它们就会重新排列

38. “记事本”实用程序的基本功能是（ ）。

A. 文字处理　　B. 图像处理

C. 手写汉字输入处理　　D. 图形处理

39. 关于快捷方式的说法，正确的是（ ）。

A. 删除了快捷方式，源程序也就删除了

B. 是指向并打开应用程序的一个指针

C. 其大小与应用程序相同

D. 如果应用程序被删除，快捷方式仍然有效

40. PowerPoint 中，若希望将 D:\picture.jpg 图片文件作为幻灯片的背景， 在（ ）进行操作。

A. 直接插入图画文件作为背景

B. 设置背景→填充效果→图片中选择

C. 设置背景→填充效果→图案中选择

D. 设置背景→渐变效果→纹理中选择

## 二、多项选择题

1. 在 FrontPage 2010 中，可以创建（ ）超链接。

A. 指向程序 B. 文本 C. 电子邮件 D. 图片

2. 一个完整的木马程序包含（ ）。

A. 加密算法 B. 网络线路 C. 控制器 D. 服务器

3. Word 2010 的主要功能有（ ）。

A. 支持 XML 文档 B. 创建、编辑和格式化文档

C. 表格处理 D. 图形处理

4. 计算机的应用领域包括以下（ ）等几个方面。

A. 办公自动化 B. 科学计算 C. 过程控制 D. 人工智能

5. 计算机不能直接识别和处理的语言是（ ）。

A. 汇编语言 B. 自然语言 C. 机器语言 D. 高级语言

6. 计算机主机通常包括（ ）。

A. 运算器 B. 控制器 C. 显示器 D. 内存储器

7. 在 Windows 7 系统中，可完成的磁盘操作有（ ）。

A. 整理碎片 B. 软盘复制 C. 磁盘清理 D. 磁盘格式化

8. 在 Word 中，下列描述正确的是（ ）。

A. 可改变文字的字体字号

B. 在同一行中文字的字体必须相同

C. 按住鼠标左键不放，拖动鼠标可选中要操作的内容

D. 可在文档中插入图片

9. 关于 Word 的“页面设置”，叙述正确的是（ ）。

A. 页面设置是为打印而进行的设置

B. 在页面设置中，可以改变纸张大小，页边距等打印参数

C.“页面设置”设置完毕后，屏幕上的页面视图会随之自动调整

D.“页面设置”只对屏幕上的显示有效，并不影响打印输出

10. 以下为 Excel 中合法的数值型数据的是（ ）。

A. 3.14 B. 12 000 C. ￥12 000.45 D. 1.20E+03

## 三、判断题

1. Excel 2010 批注中的字体及大小无法修改，只能使用默认设置。(　　)
2. 数据库技术发展中的文件系统阶段支持并发访问。(　　)
3. 子网掩码是用来判断任意两台计算机的 IP 地址是否属于同一子网的依据。(　　)
4. 在 Word 2010 中，在“打印”对话框里，可设置只打印光标插入点所在的页。(　　)
5. 单模光纤的光源可以使用较为便宜的发光二极管。(　　)
6. 程序一定要调入内存后才能运行。(　　)
7. 汇编语言是各种计算机机器语言的总汇。(　　)
8. 磁盘既可作为输入设备又可作为输出设备。(　　)
9. 存储器具有记忆能力，其中的信息任何时候都不会丢失。(　　)
10. 在 Windows 中，一次只能删除一个对象。(　　)

## 四、填空题

1. Word 中提供了 6 种查看文档内容的视图方式，分别是：_____、_____、_____、_____、_____、_____。

2. I/O 总线就是 CPU 互连 I/O 设备以及提供外设访问系统服务器和 CPU 资源的通道。在 I/O 总线上，通常传送三种信号，因此总线分为数据总线、地址总线和__________。

3. 汉字“中”的区位码为 5448，则它对应的国标码__________。

4. 已知 Excel 中某个工作表中几个单元格的值为：A1=10，A2=5，A3=20，则 SUM(1，2，3)的结果为_______。

5. Windows 的窗口最上面一栏是__________。

6. 当某个应用程序不再响应用户的操作时，可以按__________。键（请填英文大写），弹出“关闭程序”对话框，然后选择所要关闭的应用程序，单击“结束任务”按钮退出该应用程序。

7. 在 Windows 中，关闭窗口的组合键是__________。

8. 在 Word 环境下，如需要在编辑文档中插入页眉和页脚，在菜单__________中选择。

9. 在 Excel 中输入文字时，默认对齐方式是：单元格内靠__________对齐。

10. 77&34 的运算结果是 __________。

# 试题练习三

## 一、单项选择题

1. CPU 不能直接访问的存储器是（　）。
   A. ROM　B. RAM　C. Cache　D. 外存储器
2. 在计算机内存储器中，不能用指令修改存储内容的是（　）。
   A. RAM　B. SRAM　C. DRAM　D. ROM
3. 在计算机存储中，一个字节可保存（　）。
   A. 一个汉字　B. 一个 ASCII 码表中的字符
   C. 一个 0～256 的一个整数　D. 一个英文句子
4. 下列 4 个数据中最小的是（　）。
   A. 10100001B　B. 227O　C. 160D　D. FFH
5. 具有多媒体功能的微机系统常用 CD-RW 作为外存储器，它是（　）。
   A. 只读大容量软盘　B. 一次性写入光盘
   C. 只读光盘存储器　D. 可擦写型光盘
6. 微机系统中存取容量最大的部件是（　）。
   A. 硬盘　B. ROM　C. 光盘　D. 软盘
7.（　）不是计算机高级语言。
   A. BASIC　B. JAVA　C. C++　D. CAD
8. 以下不是评价计算机的性能指标的是（　）。
   A. 字长　B. 内存容量　C. 分辨率　D. 读写周期
9. 在计算机中存储一个 16×16 点阵的汉字需要（　）字节。
   A. 256　B. 32　C. 72　D. 48
10. 存储一个 7×9 点阵汉字字形需要的字节数为（　）。
   A. 7　B. 8　C. 9　D. 63
11. 微型计算机键盘上的 Tab 键是（　）。
   A. 退格键　B. 控制键　C. 换档键　D. 制表键
12. 4 M 的存储空间大约可以存放（　）个汉字。
   A. 4 000 个　B. 200 万个　C. 40 万个　D. 80 万个
13. 使用高级语言编写的程序称为（　）。
   A. 目标程序　B. 源程序　C. 解释程序　D. 可执行程序
14. 为解决某一特定问题而设计的指令序列称为（　）。
   A. 文档　B. 语言　C. 程序　D. 系统

15. 列出以 AB 开头的所有文件的命令是（ ）。

A. AB.??? B. AB*.? C. AB?.* D. AB*.*

16. 在 Windows 操作系统中，文件管理主要是（ ）。

A. 实现文件的显示和打印 B. 实现文件压缩

C. 实现对文件按名存取 D. 实现对文件的按内容存取

17. 在“资源管理器”窗口右部，若已选定了所有文件，如果要取消其中几个文件的选定，应进行的操作是（ ）。

A. 按住 Ctrl 键，再用鼠标左键依次单击各个要取消选定的文件

B. 按住 Shift 键，再用鼠标左键依次单击各个要取消选定的文件

C. 用鼠标右键依次单击要取消选定的文件

D. 用鼠标左键依次单击各个要取消选定的文件

18. 下列四项中，不是文件属性的是（ ）。

A. 只读 B. 文档 C. 隐藏 D. 以上都不是

19. 在 Windows 中，下列不合法的文件名是（ ）。

A. FIGURE *BMP B. FIGURE BMP

C. FIGURE.BMP D. FIGURE.BMP.001.AJP

20. 在 Windows 中关于开始菜单叙述错误的是（ ）。

A. 可以开始菜单中增加菜单项，但不能删除

B. 开始菜单包括关机，程序设置等菜单项

C. 可以通过开始菜单启动程序

D. 单击开始按钮，可以启动开始菜单

21. 简写 CERNET 的中文名称是（ ）。

A. 中国公用计算机互联网 B. 中国教育和科研计算机网

C. 中国教育计算机网 D. 中国科研计算机网

22. 信息高速公路是指（ ）。

A. 快速专用通道 B. 装备有通信设施的高速公路

C. 国家信息基础设施 D. 电子邮政系统

23. 文件从 FTP 服务器传输到客户机的过程为（ ）。

A. 上传 B. 计费 C. 浏览 D. 下载

24. 下列说法正确的是（ ）。

A. 网络上有许多不良信息，所有青少年应禁止上网

B. 信息技术队人类社会有消极的一面，应禁止发展

C. 随着时代的发展，古老的信息技术我们可以弃之不用了

D. 面对信息技术的发展，我们既不能盲目乐观，过度崇拜，也不能盲目排斥

25. 电子邮件的英文名（ ）。

A. WEB B. WWW C. E-mail D. FTP

26. 网络道德的特点（ ）。

A. 自主性 B. 多元性 C. 开放性 D. 以上都是

27. 下列属于国产杀毒软件的是（ ）。

A. 360 杀毒　　B. 卡巴斯基　　C. 小雨伞　　D. 诺顿

28. 在 Word 2010 中，想打印 1，3，8，9，10 页，应在“打印范围”中输入（　）。

A. 1，3，8-10　　B. 1，3，8-10　　C. 1-3-8-10　　D. 1，3，8，9，10

29. 在 Word 2010 中，要想对文档进行翻译，需执行以下操作的是（　）。

A. 审阅”标签下“语言”功能区的“语言”按钮

B.“审阅”标签下“语言”功能区的“英语助手”按钮

C.“审阅”标签下“语言”功能区的“翻译”按钮

D.“审阅”标签下“校对”功能区的“信息检索”按钮

30. Word 2010 所认为的字符不包括（　）。

A. 汉字　　B. 数字　　C. 特殊字符　　D. 图片

31. 在 Word 中，每个段落的段落标记在（　）。

A. 段落中无法看到　　B. 段落的结尾处

C. 段落的中部　　D. 段落的开始处

32. 在 Word 2010 中，若要检查文件中的拼写和语法错误，可以执行下列功能键的是（　）。

A. F4　　B. F5　　C. F6　　D. F7

33. Word 2010 文档的类型是（　）。

A. doc　　B. docs　　C. docx　　D. dot

34. 在 Word 2010 中，1.5 倍行距的快捷键是（　）。

A. Ctrl+1　　B. Ctrl+2　　C. Ctrl+3　　D. Ctrl+5

35. Word 表格功能相当强大，当把插入点放在表的最后一行的最后一个单元格时，按 Tab 键，将（　）。

A. 在同一单元格里建立一个文本新行

B. 产生一个新列

C. 产生一个新行

D. 插入点移到第一行的第一个单元格

36. 以下关于 Word 2010 和 Word 2003 文档说法正确的是（　）。

A. Word 2003 程序兼容 Word 2010 文档

B. Word 2010 程序兼容 Word 2003 文档

C. Word 2010 文档与 Word 2003 文档类型完全相同

D. Word 2010 文档与 Word 2003 文档互不兼容

37. 在 Word 2010 中，回车的同时按住（　）键可以不产生新的段落。

A. Ctrl　　B. Shift　　C. Alt　　D. 空格键

38. 在 Word 中若某一段落的行距如果不特别设置，则由 Word 根据该字符的大小自动调整，此行距称为（　）行距。

A. 1.5 倍行距　　B. 单倍行距　　C. 固定值　　D. 最小值

39. 如果想要更改工作表的名称，可以通过下述操作实现（　）。

A. 单击工作表的标签，然后输入新的标签内容

B. 双击工作表的标签，然后输入新的标签内容

C. 在名称框中输入工作表的新名称

D. 在编辑栏中输入工作表的新名称

40. 在 Excel 2010 中，对单元格进行编辑时，下列方法不能进入编辑状态的是（ ）。

A. 双击单元格　B. 单击单元格　C. 单击编辑栏　D. 按 F2 键

41. 在利用选择性粘贴时，源单元格中的数据与目标单元格中的数据不能进行以下操作的是（ ）。

A. 加减运算　B. 乘除运算　C. 乘方运算　D. 无任何运算

42. 在选择性粘贴中，如果选中“转置”复选框，则源区域的最顶行，在目标区域中成为（ ）。

A. 最底行　B. 最左列

C. 最右列　D. 在原位置处左右单元格对调

43. 当鼠标移动到填充柄上时，鼠标指针的形状变为（ ）。

A. 空心粗十字形　B. 向左上方箭头

C. 黑色（实心细）十字形　D. 黑色矩形

44. 在 Excel 2010 中，利用填充柄进行填充时，填充柄（ ）。

A. 只可以在同一行内进行拖动

B. 只可以在同一列内进行拖动

C. 只可以沿着右下方的方向进行拖动

D. 可以在任意方向上进行拖动

45. 在 Excel 2010 工作表中，A1 单元格中的内容是“1 月”，若要用自动填充序列的方法在第 1 行生成序列 1 月、3 月、5 月，则可以（ ）。

A. 在 B1 中输入“3 月”，选中 A1:B1 区域后拖动填充柄

B. 在 B1 中输入“3 月”，选中 A1 单元格后拖动填充柄

C. 在 B1 中输入“3 月”，选中 B1 单元格后拖动填充柄

D. 在 B1 中输入“3 月”，选中 A1:B1 区域后双击填充柄

46. 在 Excel 2010 中插入新的一列时，新插入的列总是在当前列的（ ）。

A. 右侧

B. 左侧

C. 可以由用户选择插入位置

D. 不同的版本插入位置不同

47. 在 Excel 2010 中插入新的一行时，新插入的行总是在当前行的（ ）。

A. 上方

B. 下方

C. 可以由用户选择插入位置

D. 不同的版本插入位置不同

48. 已知 A1 单元格的存储值为 0.789，如果将其数字格式设置为“数值”、小数位数设置为“1”位，则当 A1 单元格参与数学运算时，数值为（ ）。

A. 0.7　B. 0.789　C. 0.8　D. 1.0

49. 格式刷的作用是（ ）。

A. 输入格式　B. 复制格式　C. 复制公式　D. 复制格式和公式

50. 在 Excel 2010 中，如果想让含有公式的单元格中的公式不被显示在编辑栏中，则应该设置（　）。

A. 该单元格为“锁定”状态

B. 该单元格为“锁定”状态，并保护其所在的工作表

C. 该单元格为“隐藏”状态

D. 该单元格为“隐藏”状态，并保护其所在的工作表

51. 在 Excel 2010 工作簿中，不能进行隐藏的是（　）。

A. 工作表　　B. 行　　C. 列　　D. 一个单元格

52. 在 Excel 2010 中，关于公式计算，以下说法正确的是（　）。

A. 函数运算的结果可以是算术值，也可以是逻辑值

B. 比较运算的结果是一个数值

C. 算术运算的结果值最多有三种

D. 比较运算的结果值可以有三种

53. 设 B3 单元格中的数值为 20，在 C3 和 D4 单元格中分别输入=“B3”+8 和=B3+“8”，则（　）。

A. C3 单元格与 D4 单元格中均显示“28”

B. C3 单元格中显示“#VALUE!”，D4 单元格中显示“28”

C. C3 单元格中显示“28”，D4 单元格中显示“# VALUE!”

D. C3 单元格与 D4 单元格中均显示“#VALUE!”

54. 关于嵌套函数，以下说法正确的是（　）。

A. 只有逻辑函数才可以进行嵌套

B. 只有同名的函数才可以进行嵌套

C. 函数嵌套最多允许三层

D. 对于函数嵌套，先计算的是最里层

55. 设在 A1:A20 区域中已输入数值数据，为了在 B1:B20 区域的 Bi 单元格中计算出 A1:Ai 区域（i = 1，2，⋯，20）中的各单元格内数值之和，应该在 B1 单元格中输入公式（　），然后将其复制到 B2:B20 区域中即可。

A. =SUM（A$1:A$1）　　B. =SUM（$A$1:A$1）

C. =SUM（A$1:A1）　　D. =SUM（$A$1:$A$1）

## 二、多项选择题

1. 在 Windows 中，桌面是指（　）。

A. 电脑桌

B. 活动窗口

C. 窗口、图标和对话框所在的屏幕背景

D. A、B 均不正确

2. 下列方法中，能退出 Excel 2010 的方法是（　）。

A. 双击 Excel 控制菜单图标　　B. 使用【文件】菜单的【关闭】命令
C. 使用 Excel 控制菜单的[关闭]命令　　D. 单击 Excel 控制菜单图标

3. 下列属于系统软件的是（　）。
A. UNIX　　B. DOS　　C. CAD　　D. Excel

4. 下面的说法中，正确的是（　）。
A. 一个完整的计算机系统由硬件系统和软件系统组成
B. 计算机区别与其他计算工具最主要的特点是能存储程序和数据
C. 电源关闭后，ROM 中的信息会丢失
D. 16 位的字长计算机能处理的最大数是 16 位十进制

5. 在 PowerPoint 2010 的幻灯片浏览视图中，可进行的工作有（　）。
A. 复制幻灯片
B. 幻灯片文本内容的编辑修改
C. 设置幻灯片的动画效果
D. 可以进行“自定义动画”设置

6. 在 Windows 资源管理器中，假设已经选定文件，以下关于“复制”操作的叙述中，正确的有（　）。
A. 直接拖至不同驱动器的图标上
B. 按住 Shift 键，拖至不同驱动器的图标上
C. 按住 Ctrl 键，拖至不同驱动器的图标上
D. 按住 Shift 键，然后拖至同一驱动器的另一子目录上

7. 在 Windows 中要更改当前计算机的日期和时间，可以（　）。
A. 双击任务栏上的时间
B. 使用“控制面板”的“区域设置”
C. 使用附件
D. 使用“控制面板”的“日期/时间”

8. Word 中的表格处理，具有（　）功能。
A. 自动计算　　B. 排序　　C. 记录筛选　　D. 与文本互相转化

9. 计算机中设计语言的翻译程序有（　）。
A. 编辑程序　　B. 编译程序　　C. 连接程序　　D. 汇编程序

10. 下列 Excel 公式输入的格式中，正确的是（　）。
A. =SUM(1，2，…，9，10)　　B. =SUM(E1: E6)
C. =SUM(A1; E7)　　D. =SUM(“18”，“25”，7)

## 三、判断题

1. ROM 中存储的信息断电即消失。（　）

2. 在 Windows 的资源管理器中，利用“文件”菜单中的“重命名”既可以对文件改名，也可以对文件夹改名。（　）

3. Word 文档中文本层是用户在处理文档时所使用的层。( )

4. “写字板”中没有插入/改写状态，它只能以插入方式来输入文字。( )

5. 在汉字系统中，我国国标汉字一律是按拼音顺序排列的。( )

6. 在 Excel 中，图表一旦建立，其标题的字体、字形是不可改变的。( )

7. 大小为 3.5 英寸的软盘，其一个角上有写保护口。当滑动保护片将其盖住时，软盘就被写保护了。( )

8. 操作系统把刚输入的数据或程序存入 RAM 中，为防止信息丢失，用户在关机前，应先将信息保存到 ROM 中。( )

9. PowerPoint 在放映幻灯片时，必须从第一张幻灯片开始放映。( )

10. 若一台计算机感染了病毒，只要删除所有带毒文件，就能消除所有病毒。( )

11. 汇编语言和机器语言都属于低级语言，之所以称为低级语言是因为用它们编写的程序可以被计算机直接识别执行。( )

12. 同一软盘中允许出现同名文件。( )

13. 文档窗口最大化后将占满整个桌面。( )

14. 在 Word 文本中，一次只能定义一个文本块。( )

15. 计算机要运行某个程序都必须将其调入 RAM 中才能运行。( )

16. 计算机中的字符，一般采用 ASCII 码编码方案。若已知“H”的 ASCII 码值为 48H，则可能推断出“J”的 ASCII 码值为 50H。( )

17. 在 Word 中隐藏的文字，屏幕中仍然可以显示，但打印时不输出。( )

18. Word 的“自动更正”功能仅可替换文字，不可替换图像。( )

19. 指令和数据在计算机内部都是以区位码形式存储的。( )

20. 在 Excel 中，如果一个数据清单需要打印多页，且每页有相同的标题，则可以在“页面设置”对话框中对其进行设置。( )

## 四、填空题

1. 每个汉字的机内码需要用____________个字节来表示。

2. 以微处理器为核心的微型计算机属于第____________代计算机。

3. 利用大规模集成电路技术把计算机的运算器和控制器做在一块集成电路芯片上，这样的一块芯片称作____________。

4. 计算机病毒的主要特点是传染性、____________、破坏性、隐蔽性。

5. ____________语言的书写方式接近于人们的思维习惯，使程序更易阅读和理解。

6. 在 Excel 2010 中输入数据时，如果输入的数据具有某种内在规律，则可以利用它的____________功能进行输入。

7. 一组排列有序的计算机指令的集合称作____________。

8. 在 Excel 2010 中，假定存在一个数据库工作表，内含系科、奖学金、成绩等项目，现要求出各系科发放的奖学金总和，则应先对系科进行____________，然后执行数据菜单的【分类汇总】命令。

9. 在 Word 2010 中，“编辑”菜单下“剪切”命令的作用是 ________。

10. 计算机中系统软件的核心是________，它主要用来控制和管理计算机的所有软硬件资源。

11. 计算机内部对信息采用统一的编码。ASCII 就是一种编码方式，标准 ASCII 码是用位二进制位来表示 128 个字符。

12. 在 Excel 中输入等差数列，可以先输入第一、第二个数列项，接着选定这两个元格，再将鼠标指针移到 ______ 上，按一定方向进行拖动即可。

13. 在 Windows 中卸载应用程序，可用“控制面板”中的________命令。

14. 要在 Windows 中修改日期或时间，则应双击“________”中的“日期/时间”图标。

15. 具有及时性和高可靠性的操作系统是________。

16. 在 Excel 2010 中，已知在单元区域（A1: A18）中已输入了数值数据，现要求对该单元区域中数值小于 60 的用红色显示，大于等于 60 的数据用蓝色显示，则可对（A1: A18）单元区域使用【格式】菜单的“________”命令设置。

17. 在 Word 文稿中插入图片，可以直接插入，也可以在文本框或________中插入。

18. 在 FrontPage 中，滚动字幕有三种表现方式，________ 方式可以让文字沿设置的方向，从字幕区域的一边出现，当文字到达字幕区域的另一边时停止滚动，并保持在屏幕上。

19. 十进制数 110. 125 转换为十六进制数是________H。

20. 可编程只读存储器的英文缩写是 ________ 。

21. 在 Excel 2010 中，若只需打印工作表的一部分数据时，应先________。

22. 在 Excel 2010 中以带分数形式输入 4/3（不采用公式）的方式是键入________。

23. 在 Excel 2010 中建立内嵌式图表最简单的方法是单击________工具栏中的“图表类型”按钮。

24. 地址范围为 1000H ~ 4FFFH 的存储空间为________KB。

25. 在 Excel 中，公式=Sum(Sheet1: Sheet5!$E$6)表示________。

26. 不少计算机软件的安装程序都具有相同的文件名，Windows 系统也如此，其安装程序的文件名一般为________。

27. 在 Excel 2010 中，一个工作簿至多可由________张工作表构成。

28. 在 Excel 2010 中，假定存在一个数据库工作表，内含：姓名，专业，奖学金，成绩等项目，现要求对相同专业的学生按奖学金从高到低进行排列，则要进行多个关键字段的排列，并且主关键字段是 ________。

29. 在 Excel 2010 中，设 A1: A4 单元格区域的数值分别为 82，71，53，60，A5 单元格使用公式为=If(Average(A$1:A$4)>=60,“及格”,“不及格”), 则 A5 显示的值是________。

30. 总线包括地址总线、________总线、控制总线三种。

# 试题练习四

## 一、单项选择题

1. 第 1 代电子计算机使用的电子元件是（ ）。
   A. 晶体管 B. 电子管
   C. 中、小规模集成电路 D. 大规模和超大规模集成电路
2. 计算机的主机由（ ）部件组成。
   A. CPU、外存储器、外部设备 B. CPU 和内存储器
   C. CPU 和存储器系统 D. 主机箱、键盘、显示器
3. 十进制数 2344 用二进制数表示是（ ）。
   A. 11100110101 B. 100100101000 C. 1100011111 D. 110101010101
4. 十六进制数 B34B 对应的十进制数是（ ）。
   A. 45569 B. 45899 C. 34455 D. 56777
5. 二进制数 101100101001 转换成十六进制数是（ ）。
   A. 33488 B. 2857 C. 44894 D. 23455
6. 二进制数 1110001010 转换成十六进制数是（ ）。
   A. 34E B. 38A C. E45 D. DF5
7. 二进制数 4566 对应的十进制数是（ ）。
   A. 56 B. 89 C. 34 D. 70
8. 一种计算机所能识别并能运行的全部指令的集合，称为该种计算机的（ ）。
   A. 程序 B. 二进制代码 C. 软件 D. 指令系统
9. 计算机内部用几个字节存放一个 7 位 ASCII 码（ ）。
   A. 1 B. 2 C. 3 D. 4
10. 下列字符中，其 ASCII 码值最大的是（ ）。
    A. 5 B. W C. K D. x
11. 用汇编语言或高级语言编写的程序称为（ ）。
    A. 用户程序 B. 源程序 C. 系统程序 D. 汇编程序
12. 下列诸因素中，对微型计算机工作影响最小的是（ ）。
    A. 尘土 B. 噪声 C. 温度 D. 湿度
13. 486 微机的字长是（ ）。
    A. 8 位 B. 16 位 C. 32 位 D. 64 位
14. 下列 4 条叙述中，正确的是（ ）。
    A. R 进制数相邻的两位数相差 R 倍

B. 所有十进制小数都能准确地转换为有限的二进制小数
C. 存储器中存储的信息即使断电也不会丢失
D. 汉字的机内码就是汉字的输入码

15. 下列只能当作输入单元的是（ ）。
A. 扫描仪 B. 打印机 C. 读卡机 D. 磁带机

16. 所谓计算机病毒是指（ ）。
A. 能够破坏计算机各种资源的小程序或操作命令
B. 特制的破坏计算机内信息且自我复制的程序
C. 计算机内存放的、被破坏的程序
D. 能感染计算机操作者的生物病毒

17. 下列等式中正确的是（ ）。
A. 1KB=1024×1024B B. 1MB=1024B
C. 1KB=1024MB D. 1MB=1024×1024B

18. 鼠标是微机的一种（ ）。
A. 输出设备 B. 输入设备 C. 存储设备 D. 运算设备

19. 汉字“中”的十六进制的机内码是 D6D0H,那么它的国标码是（ ）。
A. 5650H B. 4640H C. 5750H D. C750H

20. 下列叙述正确的是（ ）。
A. 反病毒软件通常滞后于计算机病毒的出现
B. 反病毒软件总是超前于计算机病毒的出现，它可以查、杀任何种类的病毒
C. 已感染过计算机病毒的计算机具有对该病毒的免疫性
D. 计算机病毒会危害计算机以后的健康

21. 计算机的系统总线是计算机各部件间传递信息的公共通道，它分（ ）。
A. 数据总线和控制总线
B. 地址总线和数据总线
C. 数据总线、控制总线和地址总线
D. 地址总线和控制总线

22. 一个汉字的 16×16 点阵字形码长度的字节数是（ ）。
A. 16 B. 24 C. 32 D. 40

23. 王码五笔字型输入法属于（ ）。
A. 音码输入法 B. 形码输入法
C. 音形结合的输入法 D. 联想输入法

24. 在微型计算机的汉字系统中，一个汉字的内码占（ ）个字节。
A. 1 B. 2 C. 3 D. 4

25. 下列描述中不正确的是（ ）。
A. 多媒体技术最主要的两个特点是集成性和交互性
B. 所有计算机的字长都是固定不变的，都是 8 位
C. 计算机的存储容量是计算机的性能指标之一
D. 各种高级语言的编译系统都属于系统软件

26. 下列各组设备中，全部属于输入设备的一组是（　）。

A. 键盘、磁盘和打印机　B. 键盘、扫描仪和鼠标

C. 键盘、鼠标和显示器　D. 硬盘、打印机和键盘

27. 计算机的内存储器是指（　）。

A. RAM 和 C 磁盘　B. ROM

C. ROM 和 RAM　D. 硬盘和控制器

28. 汉字国标码（GB 2312—80）将汉字分成（　）。

A. 一级汉字和二级汉字 2 个等级

B. 一级、二级、三级 3 个等级

C. 简体字和繁体字 2 个等级

D. 常见字和罕见字 2 个等级

29. 不能用作存储容量的单位是（　）。

A. KB　B. GB　C. BYTE　D. MIPS

30. 计算机辅助教学的英文缩写是（　）。

A. CAD　B. CAE　C. CAM　D. CAI

31. 某汉字的机内码是 B0A1H，它的国际码是（　）。

A. 3121H　B. 3021H　C. 2131H　D. 2130H

32. 以下不属于系统软件的是（　）。

A. DOS　B. Windows3.2　C. Windows98　D. Excel

33. 下列关于计算机的叙述中，不正确的一条是（　）。

A. 运算器主要由一个加法器、一个寄存器和控制线路组成

B. 一个字节等于 8 个二进制位

C. CPU 是计算机的核心部件

D. 磁盘存储器是一种输出设备

34. CAM 表示为（　）。

A. 计算机辅助设计　B. 计算机辅助制造

C. 计算机辅助教学　D. 计算机辅助模拟

35. 存储 400 个 24×24 点阵汉字字形所需的存储容量是（　）。

A. 255KB　B. 75KB　C. 37.5KB　D. 28.125KB

36. 一个完整的计算机系统应该包括（　）。

A. 主机、键盘、和显示器

B. 硬件系统和软件系统

C. 主机和其他外部设备

D. 系统软件和应用软件

37. 微型计算机中，控制器的基本功能是（　）。

A. 进行算术和逻辑运算

B. 存储各种控制信息

C. 保持各种控制状态

D. 控制计算机各部件协调一致地工作

## 二、填空题

1. 插入表格可以使文档一目了然，其插入方法有两种：一是在“插入”选项卡中的________工具栏中直接选择行数和列数可快速插入表格，二是通过________对话框详细地设置。

2. 保存________的位置最好是另一个硬盘或其他外部存储设备，这样即使当前的硬盘坏了也可以从备份位置恢复文件。

3. 在 Windows Media Player 播放列表中，可以对________文件进行上移、下移或删除等操作。

4. 蜘蛛纸牌根据难易程度，有初级（一套牌）、中级（两套牌）和高级（四套牌）三个级别，级别越高，完成任务的________就越大。

5. 每个电子邮箱都具有一个唯一的地址，其格式是 user@mail.server.name，其中，user 是________，mail.server.name 是电子邮件________，@符号用于连接前后两部分。

6. 按________键可以在中文和大写英文之间相互切换。

7. 排列窗口的命令有________、________和并排显示窗口。

8. Adobe Reader 是用于阅读________文件的工具。

9. 在安装软件之前，首先应了解目前市场上软件的________、________的方法以及查找安装软件时要使用的________等。

10. 启动 Windows Media Player 后，要打开电脑中的文件，可以在________和________两种模式下进行切换。

11. 为了减少文件传送时间和节省磁盘空间，可使用 WinRAR 软件进行文件的________操作。

12. 文本框在对话框中为一个空白方框，主要用于输入________。

13. Windows 7 支持________和________硬件设备的安装。

## 三、判断题

1. 在连续两次按下鼠标左键这个过程中，可以移动鼠标。（ ）

2. 在输入汉字时，拼音字母“ü”由字母“v”代替。（ ）

3. 鼠标双击是指用中指快速、连续地按鼠标左键两次。（ ）

4. 所有软件在卸载后都会要求重启电脑以彻底删除该软件的安装文件。（ ）

5. “库”模式的菜单栏默认是显示的。（ ）

6. 状态栏位于 Word 窗口的最下方，主要用于显示与当前工作有关的信息。（ ）

7. 所有的网页信息都显示在网页浏览窗口中。（ ）

8. U 盘使用完后可以直接将其拔掉。（ ）

9. Purble Place 将 Comfy Cakes、Purble Shop 和 Purble Pairs 三种游戏合为一种。（ ）

10. 电脑中几乎所有的操作都可以在“开始”菜单中执行。（ ）

11. 在 Word 文档编辑过程中，将选定的文本复制到另一个位置，应按住 Ctrl 键进行

拖动。 (　　)

12. Word 允许同时打开多个文档，但只能有一个文档窗口是当前活动窗口。 (　　)

13. 默认情况下，Excel 存盘时将工作表保存在一个工作簿文件中。 (　　)

14. 在 Excel 单元格中输入公式时，一定要在前面加上冒号。 (　　)

15. 在幻灯片中，可以直接插入表格、图片、文本框和声音。 (　　)

16. 进行该操作目前广泛使用的网络协议是 TCP/IP 协议。 (　　)

17. 二进制数 10101011 等于十六进制数 AB。 (　　)

18. 不可以把 Access 数据库中表对象的数据导出为 Excel 的工作表。 (　　)

19. Access 提供了使用模板向导创建数据库的方法。 (　　)

## 四、简答题

1. 简述计算机系统主要由哪几大部件构成？各部件的主要功能是什么？
2. 请叙述计算机网络的定义。
3. 在 Word 文档中，字符格式和段落格式都有哪些常用的设置？
4. 在 Excel 中进行删除操作时，执行“编辑—删除”和执行“编辑—清除”有什么不同？
5. 请举例简要叙述设计数据表要遵循的原则。

# 附件：计算机一级等级考试大纲

本考试大纲适用于普通高等学校计算机应用知识和能力等级考试。

## 一、考试要求

（1）掌握信息技术基础知识。
（2）掌握计算机的基础知识。
（3）了解计算机系统的基本组成及其工作过程。
（4）了解微机操作系统的功能并具有使用微机操作系统的基本能力。
（5）了解计算机网络及其应用知识。
（6）了解计算机安全使用知识，掌握计算机安全防范方法。
（7）熟练掌握一种汉字输入法，并达到一定速度要求。
（8）掌握字处理的基本知识，具有字处理软件的使用能力。
（9）掌握电子表格的基本知识，具有电子表格的使用能力。
（10）掌握文稿演示的基本知识，具有文稿演示软件的使用能力。

## 二、考试细则

（1）考试试题符合本考纲考试内容要求，其中对要求掌握部分内容占总分 60%以上。

（2）考题由 3 个部分组成：计算机应用基础知识（40 分）、文字录入（10 分）、操作题（50 分），其中操作题包含操作系统（5 分）和办公软件（45 分）

（3）考试采用网络环境，在计算机上以无纸化方式完成考试，考试时间为 90 分钟，试卷总分为 100 分。

（4）考试题型分为：单选、填空、操作等三种题型。

## 三、考试内容

### （一）信息技术基础

（1）信息、信息技术和信息的获取、传输、处理、控制、存储技术。
（2）信息社会的概念和特征。
（3）信息技术使用的道德规范，信息的安全防护措施。

## （二）计算机基础知识

（1）计算机的发展、特点、分类及应用。

（2）数制：二、八、十和十六进制数（整数）的表示及其相互转换。

（3）计算机信息的表示：数、字符的编码表示（ASCII 码及汉字国标区位码）。

（4）计算机信息表示单位：位、字节、字。

（5）存储容量的概念。

## （三）计算机系统的基本组成

**1. 硬件系统**

（1）硬件系统及组成框图。

① 中央处理器组成及功能。

② 存储器变革与发展、功能以及分类：内存储器（RAM、ROM、EPROM），外存储器（硬盘、光盘、U 盘、移动硬盘），高速缓冲存储器 Cache，常用驱动器接口标准。存储器的变革，现代存储技术，虚拟存储技术等。

③ 输入输出设备的功能和分类：键盘、鼠标、外存、显示器和打印机。

④ 各组成部分彼此的联系。

（2）微机的主要性能指标（字长、内外存储器容量、运算速度等）及配置。

（3）总线和接口。

① 地址总线、数据总线、控制总线，不同总线结构类型的性能特点。

② 常用接口及其基本性能。

**2. 软件系统**

（1）指令和程序的概念：指令、机器语言、汇编语言、高级语言、源程序、目标程序、可执行文件。

（2）源程序的编译与解释的基本概念。

（3）系统软件、应用软件以及开源软件的概念，常用系统软件和应用软件。

## （四）操作系统

（1）操作系统的基本概念、功能和分类。

（2）文件、目录、路径的基本概念。

（3）Windows 操作系统。

① Windows 的特点。

② Windows 图形用户界面的组成与操作（桌面、窗口、对话框、图标、开始菜单与任务栏）。

③ Windows 的管理功能。

·“我的电脑”与“资源管理器”的功能及操作。

·计算机资源浏览。

·文件及文件夹的创建、选择、移动、复制、查找、删除、重命名、属性设置等。

·快捷方式的设置和使用操作。
·磁盘管理（磁盘格式化、磁盘复制、磁盘信息查看）。
·U 盘及移动硬盘的使用。
·控制面板的使用、桌面属性设置、打印机设置等。
④ Windows 联机帮助。
（4）汉字录入操作。
① 汉字操作系统的基本概念。
② 汉字输入码（外码）、内码、汉字库、字模及点阵的概念。
③ 了解汉字输入的常用方法（拼音、五笔、手写输入等）。
④ 掌握一种汉字输入法并达到一定速度（10 ~ 15 个汉字/分钟）。

## （五）多媒体技术

（1）音频文件格式及转换：WAV、MIDI、WMA、MP3 等。
（2）数字图像文件格式及应用：BMP、JPEG、GIF、TIF、WMF、PSD、PNG 等。
（3）数字视频文件格式及应用：AVI、MPG、WMV、ASF、RM、MOV、DAT 等。
（4）动画基本原理及常用动画制作工具软件。

## （六）计算机网络

（1）计算机网络的定义、组成、分类、功能及应用。
（2）计算机网络的拓扑结构、常用传输介质、连接设备。
（3）Internet 的基础知识及应用。
① TCP/IP 协议、IP 地址和域名系统的基本概念。
② Web 服务与浏览器的使用。
③ 电子邮件与文件传输、远程登录、即时通信等。
④ 搜索引擎的使用。
⑤ 电子商务、电子支付的概念及其应用。
⑥ 接入 Internet。
⑦ 互联网技术的发展：云计算和物联网的概念。
⑧ 常用通信系统：公用电话、移动电话、卫星通信。
⑨ 通信技术的发展：数字电视、3G 和 4G 移动通信概念。
⑩ 网页描述语言，网页制作工具、原则和步骤。
⑪ 网页设计制作（文字、图片、多媒体、表格、表单、超级链接）。
⑫ 网站的发布与维护。

## （七）计算机安全基础知识

（1）计算机病毒的概念、特点、预防与消除。
（2）计算机网络安全基础知识。
① 数据加密密码和密码系统的概念。

② 计算机网络安全病毒（木马、蠕虫等）、黑客的防范。
③ 防火墙概念、主要功能及其实施方法。

## （八）字处理

（1）计算机字处理的基本概念。
（2）文档管理：创建、打开、保存、关闭和文档类型转换。
（3）文字编辑的基本操作。
① 光标移动。
② 字符插入、删除、改写、移动、复制。
③ 字符串的查找与替换。
④ 撤销操作与恢复操作。
⑤ 多窗口编辑。
（4）插入对象（表格、图形、图片以及其他对象）。
（5）排版的基本操作（页面、段落、字符的格式调整）。
（6）文档打印（页面设置、打印和打印预览）的基本操作。
（7）样式及模板使用。

## （九）电子表格

（1）电子表格的基本概念。
（2）工作表的建立、编辑和格式化。
（3）使用公式与函数（自动求和、SUM、AVERAGE、COUNT、MAX、MIN）。
（4）工作薄的概念及多工作表间的相互操作。
（5）图表制作。
（6）数据处理（记录排序、筛选、分类汇总）。

## （十）文稿演示

（1）文稿演示的基本概念。
（2）演示文稿的基本操作：创建、打开、保存、关闭。
（3）幻灯片的基本编辑操作以及母板、模板、板式、背景设计。
（4）幻灯片的动画效果和超链接。
（5）幻灯片的放映设置（放映方式、切换方式）。
（6）演示文稿的打包和打印。

# 参考文献

[1] 陈建莉，等．计算机应用基础 ——Wind 7+Office2010 [M]．成都：西南交通大学出版社．2014.
[2] 李景龙、田秋成．计算机应用基础[M]．北京：科学出版社，2013．
[3] 卞诚君．完全掌握 Office 2010 高效办公超级手册[M]．北京：机械工业出版社，2011．
[4] 文杰书院．Excel 2010 电子表格处理基础教程[M]．北京：清华大学出版社，2012．
[5] 陈跃华．PowerPoint 入门与进阶[M]．北京：清华大学出版社，2013．
[6] 梁丹．计算机文化基础[M]．2 版．北京：电子工业出版社，2011.
[7] 刘艳．大学计算机应用基础上机实训（Windows 7+Office2010）[M]．西安：西安电子科技大学出版社，2014.
[8] 张永．信息化应用基础实践教程实训指导（Windows7+Office2010）[M]．北京：电子工业出版社，2013.